Untersuchungen

an

durchlaufenden Eisenbetonkonstruktionen

Versuchsvorbereitungen und Ausführungen

von

Professor H. Scheit

Geh. Hofrat, Direktor der Kgl. Sächs. Mechan.-Technischen Versuchsanstalt in Dresden

Versuchsplan, Entwurf, Bearbeitung der Ergebnisse und Schlußfolgerungen

von

Dr.-Ing. E. Probst

Privatdozent an der Kgl. Technischen Hochschule in Berlin

Mit 52 Textfiguren

Springer-Verlag
Berlin Heidelberg GmbH

1912

ISBN 978-3-642-98268-2 ISBN 978-3-642-99079-3 (eBook)
DOI 10.1007/978-3-642-99079-3

Inhaltsverzeichnis.

Einleitung.

In fruchtbarer Wechselwirkung haben Theorie und Praxis der Entwicklung des Eisenbetons die Wege geebnet. Es bedarf jedoch noch weiterer Forschung zur Schaffung sicherer Berechnungsgrundlagen für alle diejenigen Fälle, in welchen man bisher auf Theorien angewiesen war, die auf die Eigenart des Eisenbetons nur wenig Rücksicht nahmen.

Eine Frage, deren Klärung nicht nur dem öffentlichen Interesse dient, sondern auch eine große wirtschaftliche Bedeutung hat, ist die Erforschung, inwieweit bei statisch unbestimmten Trägern die Wechselwirkung zwischen äußeren Kräften und den im Beton und Eisen auftretenden Spannungen nach den bisher üblichen allgemeinen Berechnungsmethoden berücksichtigt wird. Mit einer dieser Aufgaben befaßt sich die vorliegende Arbeit.

Es ist ein großes Verdienst des Deutschen Ausschusses für Eisenbeton, zur Klärung der Berechnungsgrundlagen des Eisenbetons großzügig geplante Versuche eingeleitet zu haben. Hierbei wird das systematisch stufenweise Vorgehen zweifellos große Erfolge zeitigen.

Wenn die Verfasser es unternommen haben, ebenfalls Versuche anzustellen, so hat dies seinen Grund darin, daß eine Klärung gewisser Fragen, wie der in den Versuchen besprochenen, von großer Dringlichkeit ist. Diese Sonderversuche werden auch zweifellos für die systematischen Versuche des Deutschen Ausschusses für Eisenbeton schätzenswerte Fingerzeige geben.

Unsere Versuche sind daher als Vorversuche zu betrachten. Sie sind schon seit Jahren vorbereitet worden, mußten jedoch, weil ihre Durchführung erhebliche Mittel erforderte, bisher zurückgestellt werden.

Dank dem Entgegenkommen der Jubiläumsstiftung der Deutschen Industrie, dank der Unterstützung einiger Dresdener Firmen, so insbesondere der Firmen Dyckerhoff & Widmann, Kell & Löser, Odorico, Windschild & Langelott, der Eisenhandlung Gebr. Steuer u. a. wurde es möglich, im Sommer 1911 mit der Herstellung der Versuchsobjekte zu beginnen.

Es steht zu hoffen, daß jetzt, nachdem die Ergebnisse der ersten Versuche vorliegen, sich weitere Förderer, insbesondere aus dem Kreise der Eisenbetonfirmen, finden werden, die eine Fortsetzung dieser Versuche ermöglichen werden.

Die Versuche sind auf dem Gelände der Dresdener Versuchsanstalt ausgeführt worden. Die Versuchseinrichtungen haben sich sehr gut bewährt.

Mit den vorhandenen Einrichtungen wird daher eine spätere Fortsetzung der Versuche mit verhältnismäßig geringeren Mitteln möglich sein.

Schließlich sei noch hervorgehoben, daß zum ersten Mal der Versuch unternommen wurde, die Kinematographie zur Darstellung des Verlaufs der Rißbildung bis zum Bruche heranzuziehen. Es war dies ein erster Versuch, der aber gezeigt hat, daß man auf diesem Wege wertvolle Aufschlüsse, besonders über das Entstehen der Risse bei höheren Belastungen erhalten kann.

Berlin/Dresden, Januar 1912.

Die Verfasser.

I. Versuchsplan.

Die Ermittlung der Momente und Querkräfte bei durchlaufenden Eisenbetonträgern ist, wie wohl nicht erst hervorgehoben werden muß, eine Aufgabe der Statik und ist für Eisenbetonkonstruktionen nicht anders als für einheitliches Material. Der bisher in der Literatur eingeschlagene Weg für die Berechnung von durchlaufenden Eisenbetonkonstruktionen konnte sich daher nur mit allgemeinen statischen Fragen befassen. Hierbei ist man aber nicht auf die Eigenheiten des Eisenbetons eingegangen, weil diese Fragen nur auf dem Wege des Versuches zu klären sind.

Diese Versuche müssen derart durchgeführt werden, daß sie darüber Aufschluß geben, wie der Betonquerschnitt zweckentsprechend auszubilden ist, und wie die Eiseneinlagen sinngemäß einzulegen sind. Wenn diese beiden Grundfragen geklärt sind, wird der Konstrukteur in der Lage sein, wirtschaftlich zu entwerfen.

Die Lage der Momenten-Null-Punkte, der Einfluß der Einspannung und der Einfluß der negativen Momente spielen bei durchlaufenden Eisenbetonkonstruktionen eine weit größere Rolle, als bei einheitlichem Material.

Bisher sind auf diesem Gebiet Versuche von Koenen und Mörsch bekannt. Die Versuche von Koenen, über welche in einem Vortrag im Deutschen Betonverein im Jahre 1907 referiert wurde, haben sich mit der besonderen Aufgabe befaßt, den Grad der Einspannung bei einer über mehrere Eisenträger durchlaufenden Voutendecke zu ermitteln. Bei diesen Versuchen sind nur die Durchbiegungen an einzelnen Stellen gemessen worden, und die Belastung wurde nur bis zur rechnungsmäßig doppelten Nutzlast, nicht aber, wie dies erwünscht gewesen wäre, bis zum Bruch geführt.

Die Versuche von Mörsch erstrecken sich auf drei Versuchsobjekte mit durchlaufenden T-Balken über 3 Stützen, bei welchen teils Vouten zur Verstärkung des Querschnittes am mittleren Auflager, teils eine Spiralarmierung zur Verstärkung des Druckgurtes über dem mittleren Auflager verwendet wurde. Der Querschnitt betrug 14×25, die Plattenbreite 100 cm, die Plattenstärke 10 cm. Über den Pfeilern erfolgte die Verstärkung der Querschnitte zur Sicherung der seitlichen Stabilität durch Querrippen. Die Belastung wurde mit Sandsäcken vorgenommen und bis zum Bruch geführt. Man beschränkte sich bei diesen Versuchen auf die Ermittlung der Bruchlasten.

Ein Studium der Ergebnisse dieser erwähnten Versuche von Koenen und Mörsch zeigt aber, daß sie keine allgemeinen Schlüsse zulassen. In dem ersten Falle handelte es sich um eine besondere Bauart, in dem zweiten Falle um besondere Eiseneinlagen zur Verstärkung des auf Druck beanspruchten Querschnittes. In letzterem Falle könnte allerdings aus der Rißbildung, deren Verlauf sehr sorgfältig in der Veröffentlichung von Mörsch, „Der Eisenbetonbau“ gezeigt wird, eine kontinuierliche Wirkung gefolgert werden. Andere Folgerungen können wegen der geringen Zahl der Versuche und wegen des Mangels an Feinmessungen nicht gemacht werden.

Mit den vorliegenden Versuchen an kontinuierlichen Trägern wurde bezweckt, diese Lücke auszufüllen. Hierzu war es erforderlich, in erster Linie Elastizitätsmessungen durchzuführen, um über die Eigenschaften des Materials an sich, als auch in der Konstruktion Aufschluß zu erhalten. Es mußten ferner Versuchsobjekte mit solchen Abmessungen gewählt werden, wie sie in Bauausführungen vorkommen, damit die Ergebnisse unmittelbar zu verwerten sind. In diesem Sinne können die Untersuchungen als statische Untersuchungen aufgefaßt werden, und es soll besonders hervorgehoben werden, daß die Versuchsobjekte in solchen Ausmaßen entworfen worden sind, daß man zu Vergleichen und Folgerungen für die Praxis berechtigt ist.

Die Gesichtspunkte, unter welchen die Versuchsobjekte entworfen wurden, sind verschiedenartiger Natur. Sie sind derart berechnet worden, daß eine kontinuierliche Wirkung vorausgesetzt wurde. Somit war die Verteilung der Momente und der Querkräfte gegeben, und aus diesen ließen sich nicht nur die Spannungen im Beton und im Eisen ermitteln, sondern auch die Vorkehrungen treffen, welche gegen das Auftreten der negativen Momente und die zerstörende Wirkung der Schubspannungen notwendig sind.

Als Grundlage für die Abmessungen der Versuchsobjekte wurde der Querschnitt und die Anordnung der Eiseneinlagen bei dem Objekt I gewählt. Dieselbe Anordnung der Eiseneinlagen wurde, soweit dies angängig war, bei allen anderen Objekten wieder verwendet. Der Betonquerschnitt wurde beibehalten und die aus der Berechnung sich mehr ergebenden abgebogenen Eisen wurden als besondere Eisen eingelegt. Von einer Verstärkung des Betonquerschnittes über den Auflagern durch Querrippen wurde abgesehen, weil dadurch die Ergebnisse beeinflußt werden, und weil die Versuchsobjekte sich möglichst an die Praxis anlehnen sollten. Die seitliche Stabilität hat darunter nicht gelitten.

Der Betonquerschnitt und die Eiseneinlagen waren derart gewählt worden, daß der Bruch nicht durch die Überschreitung der Druck- und Schubfestigkeit des Betons, sondern nur durch Erreichung der Streckgrenze des Eisens herbeigeführt werden sollte. Bei der Besprechung der Versuchsergebnisse wird es sich zeigen, daß diese Bedingungen auch erfüllt wurden.

Von Wichtigkeit war ferner die Wahl der Belastung. Diese mußte nicht nur so gewählt werden, daß sie durch die Versuchseinrichtung zuverlässig ausgeführt werden konnte, sondern auch derart, daß sie möglichst ungünstige Wirkungen hervorrufen sollte. Auch dieses Ziel ist erreicht worden, wie noch später bei der Besprechung der Versuchsergebnisse gezeigt werden soll.

Entwurf der Versuchsobjekte.

Objekt I. (Hierzu Fig. 1.)

Das erste Objekt, das in erster Linie zu Vergleichszwecken bestimmt war, und ferner die Ermittlung der maximalen Spannungen mit Hilfe von Feinmessungen ermöglichen sollte, war ein T-Balken von einer Länge von 3,30 m. Die Spannweite betrug 3 m, der Querschnitt, der bei allen anderen Objekten beibehalten wurde, war bei einer Plattenbreite von 60 cm, 50 cm hoch, die Rippenstärke betrug 25 cm; die beim Übergang zur Rippe verstärkte Platte war 8 cm stark.

Hier wäre zu bemerken, daß der Querschnitt so stark gehalten wurde mit Rücksicht auf die eingangs hervorgehobenen Grundsätze, unter welchen die Versuchsobjekte entworfen wurden.

Als Eiseneinlagen wurden, wie bei allen Objekten 18 mm-Rundeisen verwendet, die entsprechend der Berechnung abgebogen wurden. Hierbei wurden die Haken entsprechend den Ergebnissen bereits bekannter Versuche angeordnet.

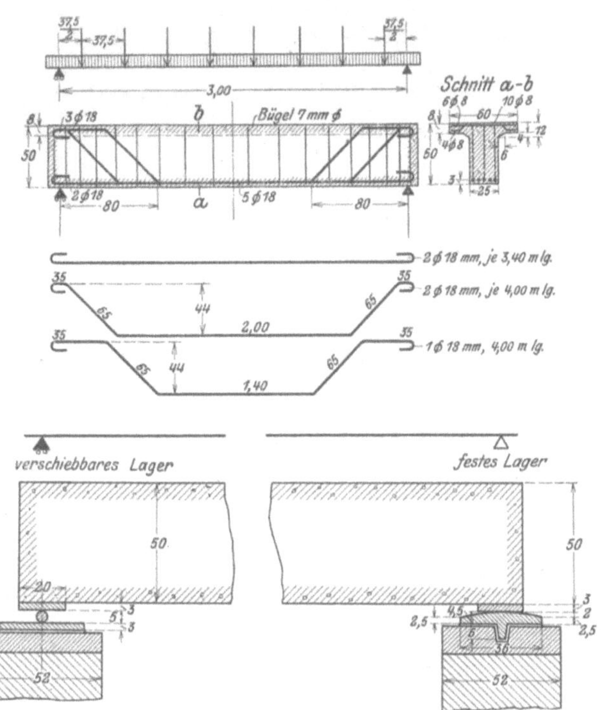

Fig. 1. Träger auf 2 Stützen (Belastungsangabe). Abmessungen und Eiseneinlagen bei Objekt I: Darstellung der Lagerung.

Objekt II. (Hierzu Fig. 2.)

Dieser Träger über 3 Stützen ist mit denselben äußeren Abmessungen wie Objekt I entworfen worden mit dem Unterschiede, daß die zur Aufnahme der negativen Momente und der Schubspannungen mehr errechneten Eisen als besondere Eisen eingelegt wurden, wie dies in der Eisenzeichnung Fig. 2 ersichtlich ist.

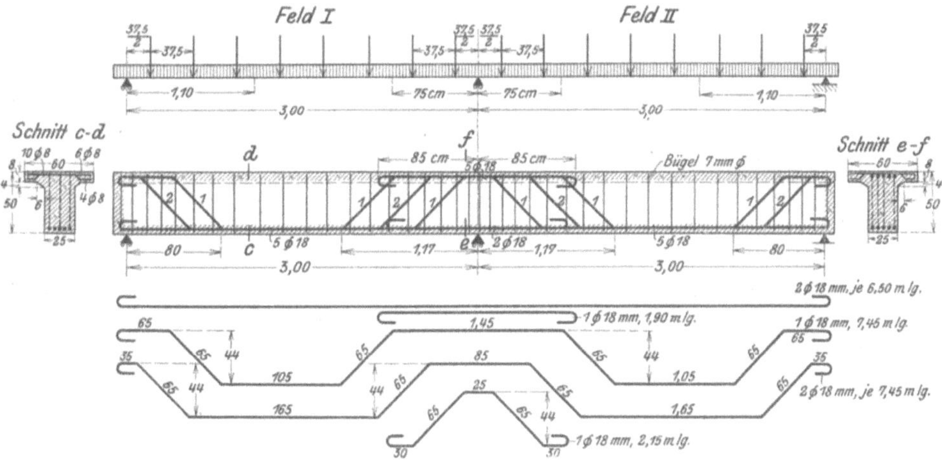

Fig. 2. Abmessungen und Eiseneinlagen bei Objekt II: Träger auf 3 Stützen (Belastungsangabe).

Objekt III. (Hierzu Fig. 3.)

Dieses reichte über 4 Stützen, die Spannweite der drei Felder betrug je 3 m, wie bei den vorhergehenden beiden Objekten. Die Eiseneinlagen sind aus der Eisenzeichnung ersichtlich. Zu bemerken wäre noch, daß für die

Aufnahme der negativen Momente im unbelasteten mittleren Feld entsprechende Eisen eingelegt wurden.

Objekt IIIa. (Hierzu Fig. 3a.)

Dieses Objekt weicht von den anderen insofern ab, als hier keine freie Lagerung, sondern eine solche Verbindung mit Stützen vorgesehen war, wie sie im Eisenbetonbau sehr häufig vorkommt. Zu diesem Zweck wurden die 3,50 m hohen Stützen mit einer sehr stark dimensionierten Fundamentplatte von der in Fig. 3a ersichtlichen Form verbunden und zwar derart, daß mit einer Einspannung des Stützenfußes gerechnet werden konnte. Der Anschluß der oberen Tragkonstruktion an die Stützen geschah mit Hilfe der Voutenausbildung, und die Eiseneinlagen der Stützen wurden in die T-Balken hineingeführt. Da nicht beabsichtigt war, eine rahmenartige Konstruktion auszubilden, so wurde von einer Weiterführung der Stützen-Eisen abgesehen. Die Anordnung der Eiseneinlagen in den T-Balken war ähnlich derjenigen bei Objekt III. Um eine Stabilität zu erreichen, wurden hier zwei Objekte, welche vollkommen gleichartig ausgebildet waren, miteinander verbunden. (Siehe Querschnitt c—d; Fig. 3a.)

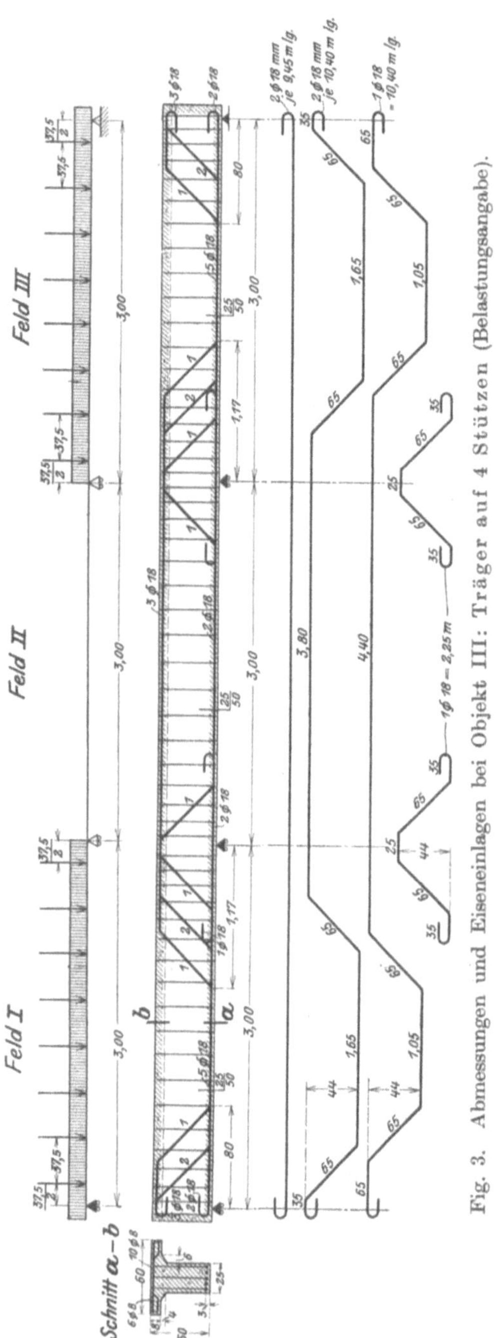

Fig. 3. Abmessungen und Eiseneinlagen bei Objekt III: Träger auf 4 Stützen (Belastungsangabe).

Objekt IV. (Hierzu Fig. 4.)

Als letztes Objekt wurde ein über fünf ungleiche Felder durchlaufender T-Balken von denselben Querschnittsabmessungen ausgeführt. Die Spannweite des mittleren Feldes betrug 4 m, die der beiden äußeren Felder je 3 m, die der beiden anderen Felder je 2,50 m. Die Eiseneinlagen wurden entsprechend den Rechnungsergebnissen angeordnet, wie sie in der Eisenzeichnung in Fig. 4 ersichtlich sind.

Die Betonmischung, über welche noch an anderer Stelle eingehend gesprochen wird, wurde in demselben Verhältnis und mit denselben Zuschlagsstoffen hergestellt, wie sie bei den Ausführungen der Eisenbetonbauten in

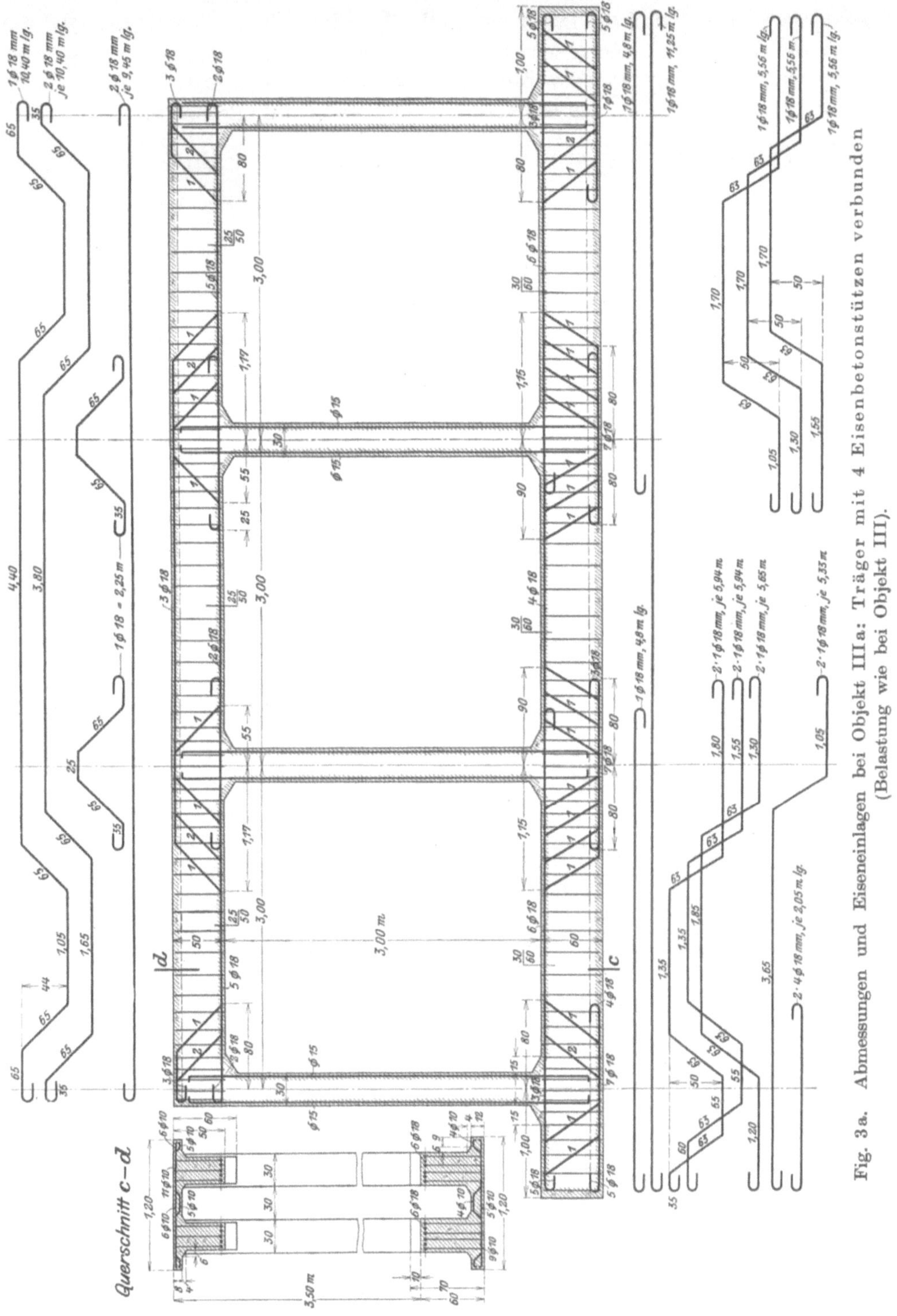

Fig. 3a. Abmessungen und Eiseneinlagen bei Objekt IIIa: Träger mit 4 Eisenbetonstützen verbunden (Belastung wie bei Objekt III).

Dresden und Umgebung zur Anwendung kommt. Bei allen Objekten wurden ferner 7 mm-Bügel in Abständen von 10 cm über den Auflagern bis zu 50 cm in der Feldmitte angeordnet.

Die Lagerung wurde bei allen Objekten mit Ausnahme von Objekt IIIa derart gewählt, daß ein Lager fest und die anderen beweglich waren. Bei der ersten Reihe der Versuche wurde als Widerlager gewöhnliches Mauerwerk verwendet. Nach den schlechten Erfahrungen, die man aber damit gemacht hat, ging man bei der zweiten Versuchsserie auf Betonwiderlager über.

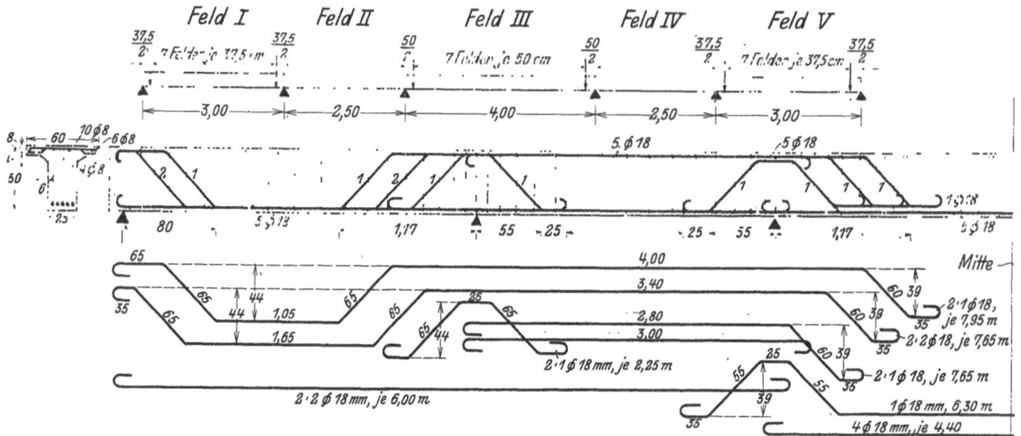

Fig. 4. Abmessungen und Eiseneinlagen bei Objekt IV: Träger über 6 Stützen (Belastungsangabe).

Die Messungen, die zur Ermittlung der Nachgiebigkeit der Widerlager ausgeführt wurden, zeigten dann auch bei der zweiten Anordnung befriedigende Ergebnisse. Bei dieser Anordnung der Lagerung war es möglich, genauere Berechnungsgrundlagen zu schaffen und so einen zuverlässigeren Vergleich mit den im Eisenbetonbau allgemein verwendeten Lagerungen, wie sie in dem Objekt IIIa zum Ausdruck kommen, zu erhalten.

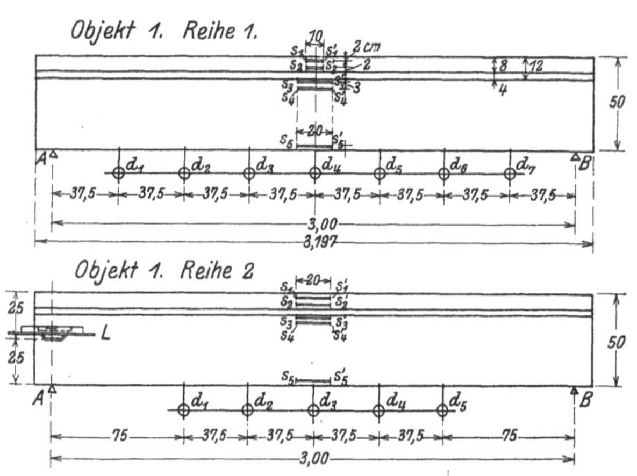

Fig. 5a. Anordnung der Feinmeßapparate bei Objekt I.

Zur Erzielung möglichst genauer Aufschlüsse über den Einfluß der Lagerung, über die Formänderung und die maximalen Spannungen wurden Feinmessungen in größerer Zahl vorgenommen. Es soll hier darauf hingewiesen werden, daß das Bestreben vorlag, bei diesen Versuchen die Ergebnisse nicht mit Hilfe von allgemein angewandten Berechnungsmethoden, sondern direkt aus den Messungen abzuleiten. Zu diesem Zwecke wurden an denjenigen Stellen, wo gleichbleibende Momente auftreten, Spiegelmessungen in verschiedenen Höhen des Querschnittes vorgenommen, und aus diesen nach dem von Dr. Probst schon früher angewandten Verfahren[1]) die Zug-

[1]) „Einfluß der Armatur und der Risse im Beton auf die Tragsicherheit". Ergebnisse aus den Untersuchungen der Abt. 1 der Kgl. Materialprüfungsanstalt in Gr. Lichterfelde-West, bearbeitet und besprochen von E. Probst, Verlag J. Springer, Berlin.

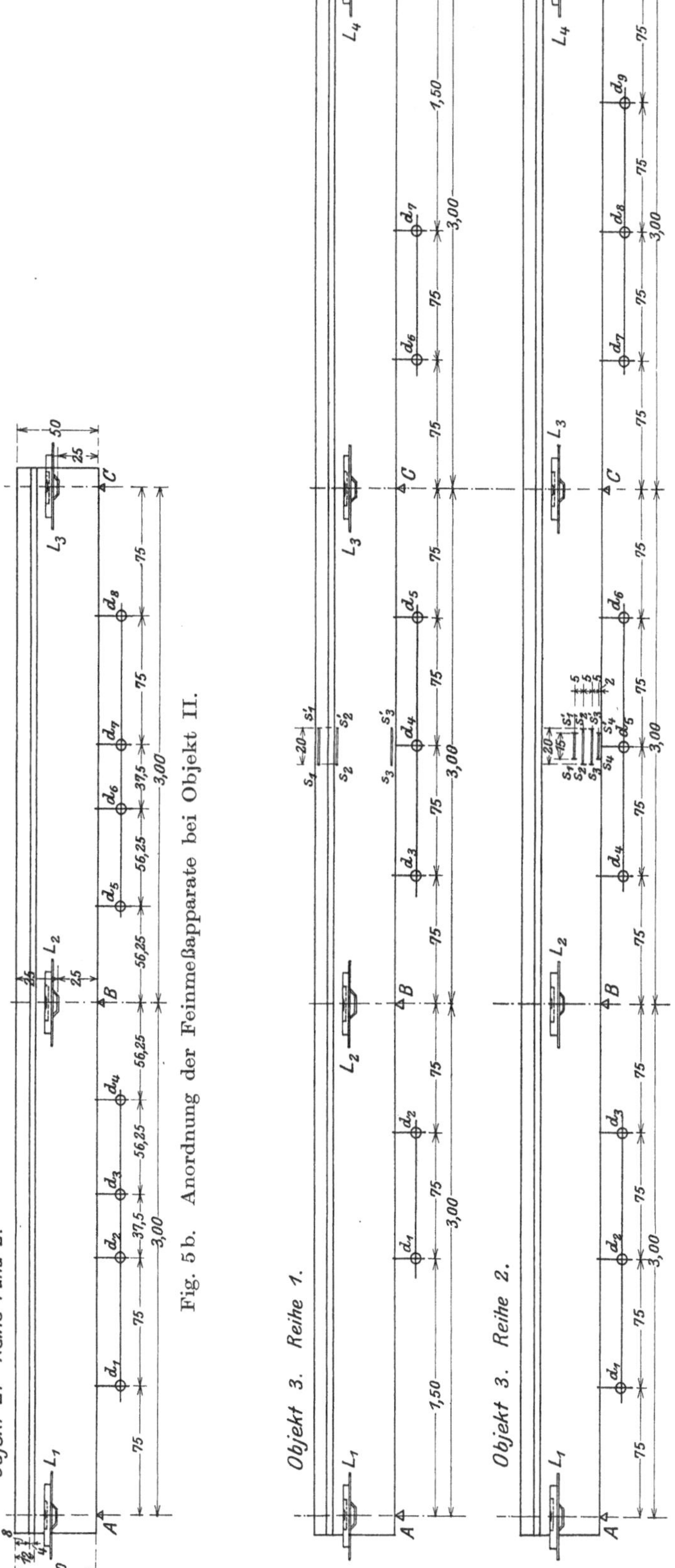

Fig. 5b. Anordnung der Feinmeßapparate bei Objekt II.

Fig. 5c. Anordnung der Feinmeßapparate bei Objekt III.

und Druckspannungen im Beton und die Zugspannungen im Eisen unter Heranziehung der Ergebnisse der Elastizitätsmessungen ermittelt.

Zur Bestimmung der Formänderungszahlen wurden Elastizitätsmessungen an Betonprismen auf Zug und Druck in bekannter Weise ausgeführt, und zur Ermittlung der Festigkeit des Betons wurde eine größere Anzahl von Druck- und Biegeversuchen an 20 und 30 cm-Würfeln und Prismen von

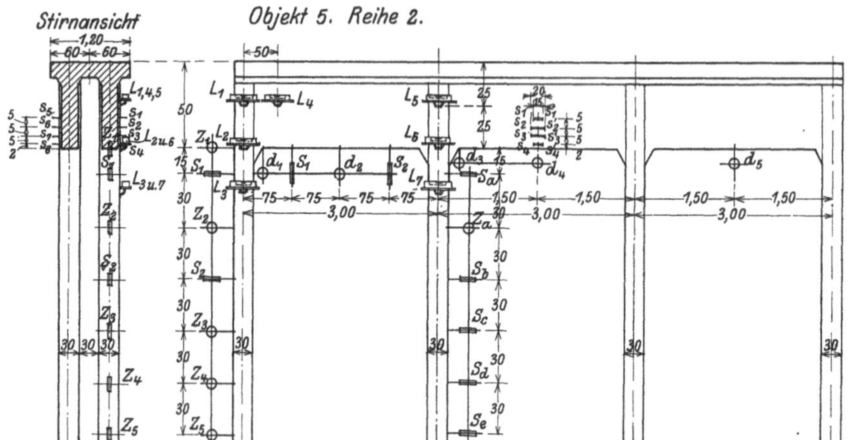

Fig. 5d. Anordnung der Feinmeßapparate bei Objekt IIIa.

den Dimensionen $12 \times 12 \times 36$ vorgenommen, über welche im Kapitel über die Vorversuche berichtet wird.

Zur Bestimmung des Grades der Einspannung dienten nicht nur die Messungen der Durchbiegungen an verschiedenen Stellen, sondern auch die Ermittlung der Verdrehung der Balkenachse an den Auflagern. Diese Messungen wurden mit Hilfe von Libellen ausgeführt, die ungefähr in der

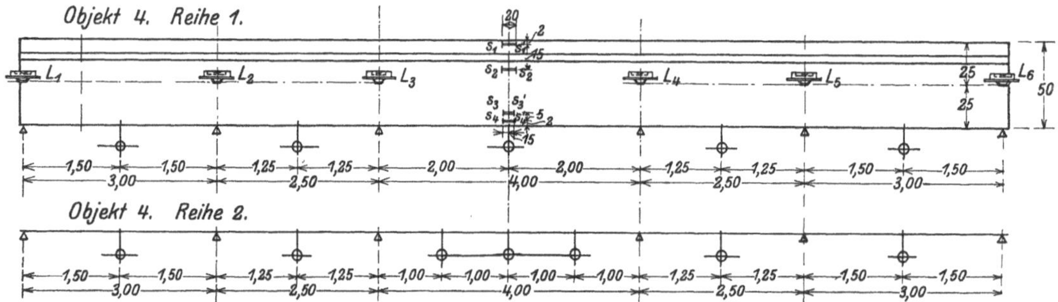

Fig. 5e. Anordnung der Feinmeßapparate bei Objekt IV (Die Längendimensionen sind hier wegen der großen Ausdehnung des Objektes verzerrt dargestellt).

Höhe der zu erwarteten Nullinie angebracht waren; die Winkeländerungen konnten bis auf $^2/_{10}$ Sekunden geschätzt werden.

Schließlich wurden die seitlichen Ausbiegungen der Stützen bei Objekt IIIa mit Hilfe von Zeiger- und Schieberapparaten gemessen. Die Anordnung der Apparate und Spiegel für die Feinmessungen sind aus Fig. 5a bis e ersichtlich. (L = Libelle; s = Spiegelapparat; d = Biegungsmesser; S = Schieberapparat.)

II. Herstellung der Versuchsobjekte.

a) Lagerung.

Von den Auflagern bei den Objekten I, II, III, IV war jeweils eins fest, die übrigen waren verschiebbar (siehe Fig. 1). Beim festen Auflager war an das Balkenende eine Gußeisenplatte angegipst, die ihrerseits auf einer größeren Platte aufruhte, die mittels einer Rippe in das Widerlager eingriff und deren Oberseite konvex gekrümmt war, so daß eine unbehinderte Drehung des Balkens am Auflager gewährleistet war. Beim beweglichen Auflager war zwischen die beiden Platten noch eine Rolle eingeschaltet und die Oberseite der unteren Platte war hier eben, so daß sich hier der Balken in der Längsrichtung verschieben konnte.

b) Fundamente.

Um jedes Senken der Fundamente auszuschließen, erfolgte die Gründung auf 2,5 m Tiefe, bis auf den tragfähigen Boden.

Die Widerlager für die Versuchskörper I, II, III, IV wurden auf je einen 50 cm starken Betonklotz aufgesetzt und bei der ersten Versuchsreihe in Ziegelmauerwerk, bei der zweiten jedoch zur Erzielung größerer Widerstandsfähigkeit aus Beton mit Eisenarmierung hergestellt.

Für den Versuchskörper IIIa bestand das Fundament aus einer durchgehenden 50 cm starken, armierten Betonplatte, in welche die Eisenbetonstützen eingebunden waren.

c) Herstellung und Mischung des Betons.

Verwendet wurde:

Zement von der Sächs. Böhmischen Portlandzementfabrik A.-G.,

Kiessand in den Korngrößen bis 25 mm aus den Gruben der Firma Windschild & Langelott, Cossebaude,

Syenitsteinschlag von 7 bis 30 mm Korngröße aus Coschütz-Dresden,

Eisen: Handelseisen; Streckgrenze im Mittel 2956 kg/qcm für Versuchsreihe I; 3194 kg/qcm für Versuchsreihe II.

Die Herstellung der Versuchskörper erfolgte

für die Versuchsreihe I in der Zeit vom 11. bis 22. Juli 1911,

für die Versuchsreihe II in der Zeit vom 2. bis 11. Oktober 1911.

Die Betonmasse wurde in der Mischmaschine Patent-Eirich hergestellt.

Das Mischungsverhältnis betrug:

1 Raumteil Zement,

5 Raumteile Zuschläge

und zwar aus einer Mischung von

2,5 Rtl. Syenitfeinschlag,

3,5 Rtl. Kiessand,

9% Wasser (bezogen auf Trockengewicht).

Das Mischgut wurde 1 Minute trocken und dann nach Wasserzugabe $2^1/_2$ Minuten naß gemischt.

Zur Ermittlung der elastischen Eigenschaften des Betons und der Druckfestigkeit wurden ferner hergestellt:

	Für Reihe I:	Für Reihe II:
Würfel von 30 cm Kantenlänge:	14	6
Würfel von 20 cm Kantenlänge:	12	6
Zug- und Druckprobekörper :	12	6
Biegeprismen 12×12×36 cm :	6	3

d) Einbringen des Betons.

Die Schalungen für die Versuchskörper waren aus 30 mm starken kiefernen Brettern hergestellt und sorgfältig gegen Durchbiegung und gegen Ausbiegung der Seitenwände versteift.

Das Einbringen des Betons erfolgte von geübten Betonarbeitern in der Weise, daß zunächst eine etwa 2 cm starke Lage eingebracht wurde. Die Eisen wurden dann eingeschlämmt und durch Unterstopfen in die richtige Lage gebracht. Hierauf erfolgte das weitere Einbringen des Betons in vier gleich hohen Schichten, die in üblicher Weise unter Anwendung jeder Vorsicht eingestampft wurden, um die richtige Lage der Eiseneinlagen zu sichern.

e) Behandlung der Versuchsobjekte bis zum Prüfungstage.

Die Versuchskörper wurden während der ersten drei Tage nach der Herstellung mit nassen Säcken bedeckt gehalten, sodann täglich angefeuchtet.

Bei der ersten Versuchsreihe, deren Lagerung in die überaus warme und trockene Jahreszeit fiel, erfolgte die Anfeuchtung zweimal am Tage, 27 Tage hindurch, bei der zweiten Reihe während 14 Tagen. Die Körper der ersten Versuchsreihe wurden nach 35 Tagen, die der zweiten nach 21 Tagen ausgeschalt.

Die gleichzeitig mit diesen Versuchskörpern hergestellten Würfel-, Zug-Druckprobekörper und Biegeprismen wurden nach 2 Tagen entformt, mit feuchten Säcken bedeckt, 27 bzw. 14 Tage gelagert und sodann bis zur Prüfung unbedeckt im geschlossenen Raume aufbewahrt.

III. Prüfung der verwendeten Baustoffe.

a) Prüfung des Zementes nach den Normen.

Die normenmäßige Prüfung des Zementes auf Raumgewicht, Mahlfeinheit, Abbindeverhältnis, Raumbeständigkeit usw. ergab befriedigende Resultate.

Die aus Mörtel in der Zusammensetzung:

1 G.-T. Zement, 3 G.-T. Normalsand, 8,75% Wasser

mit dem Hammerapparat eingeschlagenen Probekörper lagerten 1 Tag in feuchter Luft, 6 Tage unter Wasser, sodann an der Luft.

Prüfungsergebnisse mit Zug- und Druckproben.

Mittelwerte aus 10 Versuchen.

	Reihe I:				Reihe II:	
Erhärtungsdauer:	7 Tage		28 Tage		7 Tage	28 Tage
Körper:	I—IV	IIIa	I—IV	IIIa		
Zugfestigkeit in kg/qcm:	28,8	26,7	32,8	27,4	34,3	51,0
Druckfestigkeit kg/qcm:	356	203	497	394	330	584

b) Prüfung des Grubenkieses.

Gewichte:

1 cbm getrockneter Kies wog { lose eingefüllt: 1702 kg; eingerüttelt: 1872 kg }

Raumgewichte der Steinmasse des Kieses, ermittelt nach der Auftriebsmethode: 2,706 kg

Dichtigkeitsgrad { im eingefüllten Zustande: $\frac{1{,}702}{2{,}706} = 0{,}625$ kg; im eingerüttelten Zustande: $\frac{1{,}872}{2{,}706} = 0{,}692$ kg }

Rückstand auf den Sieben in Gewichtsprozenten:

Blechsiebe mit runden Löchern Lochdurchmesser mm				Maschensiebe Maschen auf 1 qcm						Siebfeines	Streuverlust
20	15	10	7	20	60	120	300	500	900		
4,62	4,55	6,56	4,13	14,72	15,57	17,95	13,15	15,55	0,85	1,40	0,95

c) Prüfung des Syenitfeinschlags.

Gewichte:

1 cbm getrockneten Materials wog $\begin{cases} \text{lose eingefüllt: } 1309 \text{ kg} \\ \text{eingerüttelt : } 1440 \text{ kg} \end{cases}$

Raumgewicht, ermittelt nach der Auftriebsmethode : 2,761 kg

$$\text{Dichtigkeitsgrad} \begin{cases} \text{im eingefüllten Zustande : } \dfrac{1,309}{2,761} = 0,474. \\ \text{im eingerüttelten Zustande: } \dfrac{1,440}{2,761} = 0,522. \end{cases}$$

Rückstand auf den Sieben in Gewichtsprozenten:

Blechsiebe mit runden Löchern, Lochdurchmesser mm					Siebfeines	Streuverlust
28	20	15	10	7		
11,82	35,37	27,99	20,41	3,13	0,87	0,21

d) Prüfung des Betons.

α) Würfelfestigkeit:

Die Prüfung der Würfel von 30 und 20 cm Kantenlänge erfolgte nach 45 Tagen und lieferte folgende Ergebnisse:

Druckfestigkeit des Betons:

	Versuchsreihe I:	Versuchsreihe II:
Würfel von 30 cm Kantenlänge:	261 kg/qcm	259 kg/qcm
Würfel von 20 cm Kantenlänge:	303 kg/qcm	300 kg/qcm

β) Elastizitätsmessungen für Zug und Druck:

Die Prüfung erfolgte an Zug- und Druckprobekörpern in bekannter Weise. Zur Dehnungsmessung wurden Martenssche Spiegelapparate benutzt, die Meßlänge betrug 20 cm.

Für die Elastizitätsmodule des Betons ergaben sich folgende Werte:

I. Versuchsreihe (als Mittel aus 6 Versuchen).

a) Druckelastizitätsmodul.

Spannung σ in kg/qcm	El. Modul E_{bd} in kg/qcm	Spannung σ in kg/qcm	El. Modul E_{bd} in kg/qcm
140	236 000	70	263 000
130	241 000	60	266 500
120	246 000	50	269 000
110	250 000	40	272 000
100	253 000	30	275 500
90	257 000	20	282 000
80	260 000	10	286 000

b) Zugelastizitätsmodul.

Für Zug ergab sich als Mittel aus 6 Versuchen ein maximaler Elastizitätsmodul von:

$$E_{bz} = 286\,000 \text{ kg/qcm}.$$

II. Versuchsreihe (als Mittel aus 3 Versuchen).

a) Druckelastizitätsmodul.

Spannung σ in kg/qcm	El. modul E_{bd} in kg/qcm
140	232 000
130	235 000
120	239 000
110	242 000
100	246 000
90	249 000
80	251 000
70	254 000
60	256 000
50	259 000
40	262 000
30	265 000
20	274 000
10	274 000

b) Zugelastizitätsmodul.

Für Zug ergab sich als Mittel aus 3 Versuchen ein maximaler Elastizitätsmodul von:

$$E_{bz} = 320\,000 \text{ kg/qcm}.$$

Die Schaulinie für obige Werte, aus der die Beziehung zwischen Spannung und Längenänderung bei den Zug- und Druckproben hervorgeht, ist in Fig. 6 aufgetragen. Die sich ergebende Kurve wurde auch zur Auftragung der Spannungsbilder bei den folgenden Biegeversuchen verwendet.

γ) Die Zugfestigkeit des Betons aus der Biegefestigkeit ermittelt:

Die Ermittlung erfolgte an Betonprismen mit den Abmessungen $12 \times 12 \times 36$ durch eine Einzellast in der Mitte bei einer Spannweite von 30 cm. Als größte Belastung P und als größte Biegespannung des Betons wurden folgende Werte gefunden:

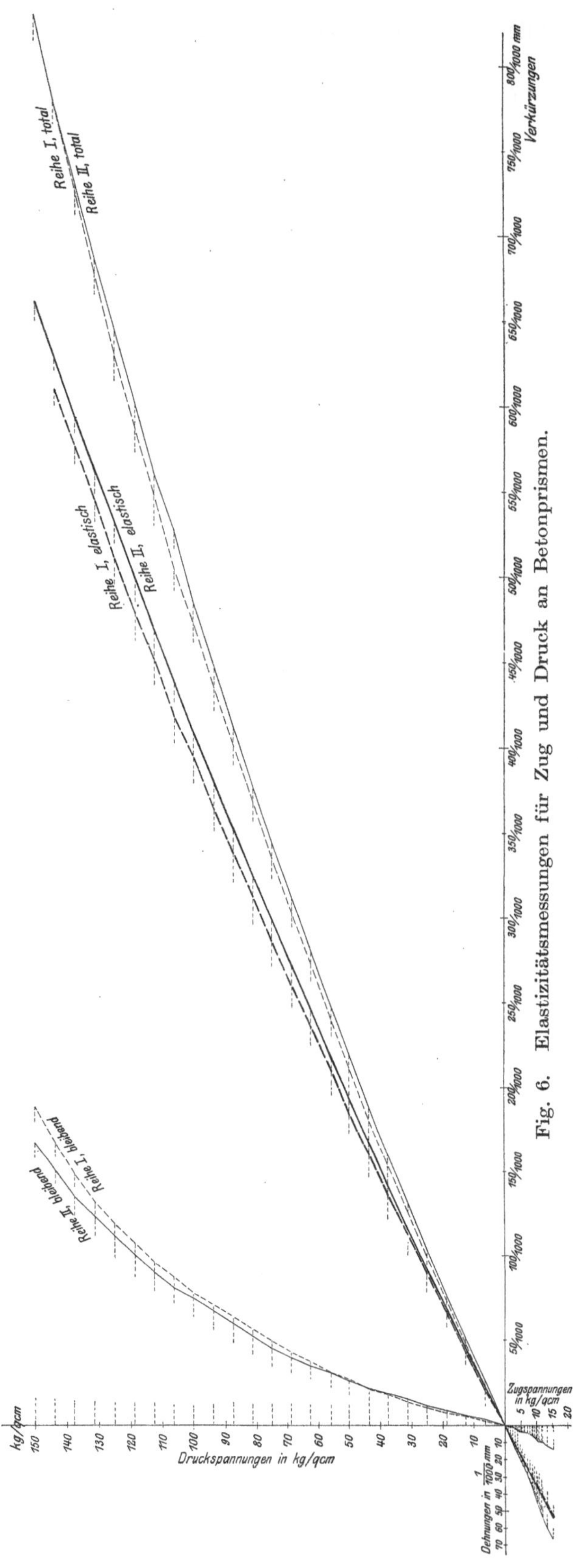

Fig. 6. Elastizitätsmessungen für Zug und Druck an Betonprismen.

	P	σ_b
Für die Probekörper I—IV der Versuchsreihe I	1503 kg	39,1 kg/qcm
Für den Probekörper IIIa der Versuchsreihe I	1803 kg	46,95 kg/qcm
Für die Probekörper der Versuchsreihe II	1830 kg	47,65 kg/qcm.

Die Zugfestigkeit wird als halb so groß wie die Biegefestigkeit angenommen, somit ergibt sich als Mittel aus 8 Versuchen zu

$$\sigma_Z = 22,1 \text{ kg/qcm}.$$

Die Schubfestigkeit erhält man nach der Mohrschen Formel zu

$$\tau = \tfrac{1}{2}\sqrt{\sigma_Z \cdot \sigma_D} = \tfrac{1}{2}\sqrt{22,1 \cdot 260} = 37,8 \text{ kg/qcm},$$

wobei σ_Z und σ_D die Zug- bzw. Druckfestigkeit des Betons bedeuten.

e) Prüfung des Eisens.

Die Prüfung der zu den Eiseneinlagen verwendeten Rundeisen erfolgte im Anlieferungszustande, d. h. mit Walzhaut.

Ergebnisse der Zugversuche
bei 18 cm Meßlänge.

Nr.	Durchmesser mm	Querschnitt qcm	Fließbelastung kg	Spannung an der Fließgrenze kg/qcm	Bruchbelastung K_z kg	Zugfestigkeit kg/qcm	Dehnung %	Kontraktion %
				Versuchsreihe I.				
1	18,00	2,545	7380	2900	11 000	4320	31,5	63,0
2	17,95	2,529	7650	3025	11 020	4360	29,7	63,1
3	18,02	2,549	7230	2840	11 020	4320	28,4	63,4
4	18,00	2,545	7730	3040	11 050	4340	29,7	63,3
5	18,00	2,545	7700	3030	11 030	4330	29,7	63,3
6	18,03	2,552	7390	2900	11 080	4340	28,6	62,4
Mittelwerte:	18,00	2,544	7513	2956	11 033	4335	29,6	63,1
				Versuchsreihe II.				
1	18,2	2,602	8140	3128	11 810	4539	28,2	64,8
2	18,2	2,602	8410	3232	11 930	4585	28,1	62,2
3	18,2	2,602	8100	3113	11 900	4575	27,0	64,8
4	18,2	2,602	8090	3109	11 930	4585	28,2	63,4
Mittelwerte:	18,2	2,602	8185	3145	11 892	4571	27,9	63,8

IV. Prüfungseinrichtungen.

a) Belastungsvorrichtung.

Für die einzelnen Felder war gleichmäßig verteilte Belastung vorgesehen. Die unmittelbare Belastung durch Gewichte, z. B. in Form von Sandsäcken oder von Eisenbarren, konnte nicht in Frage kommen, weil erfahrungsgemäß die einzelnen, in mehreren Lagen übereinandergeschichteten Gewichtsstücke sich mehr oder weniger gegeneinander abstützen, so daß die gleichmäßige Lastübertragung vereitelt wird. Auch das Aufbringen solcher Belastungen erfordert große Vorsicht, denn einesteils muß Sorge getragen werden, die Lasten gleichmäßig längs des Trägers aufzubringen, so daß eine größere Anzahl Arbeiter vor dem Balken verteilt sein müssen, andererseits aber liegt stets die Gefahr vor, da die Einzellasten nicht beliebig klein abgestuft werden können, daß der Bruch des Prüfungsobjektes bereits während des Aufbringens der Lasten erfolgt und somit die Riß- und Bruchbelastung nicht genau festgestellt werden können. Es ist ferner damit zu rechnen, daß das Aufbringen der Teillasten mehr oder minder mit Stoß erfolgt.

Ein weiterer sehr erheblicher Nachteil dieses Belastungsverfahrens besteht darin, daß der Versuch sehr zeitraubend ist, besonders wenn an jede Belastungsstufe sich die Entlastung anschließen soll behufs Feststellung des elastischen Verhaltens des Balkens.

Mit der Größe des Versuchsobjektes wachsen die Schwierigkeiten dieses Belastungsverfahrens und die Kosten für die Belastungsmaterialien.

Die vorliegenden Prüfungen hätten 200 Tonnen Belastungsmaterial erfordert, so daß durch die Leihgebühren z. B. für Eisenbarren einschl. Zu- und Abfuhr etwa 3000 ℳ aufzuwenden gewesen wären.

In der Dresdener Versuchsanstalt ist bereits seit dem Jahre 1899 statt Gewichtsbelastung Belastung mittels transportabler hydraulischer Pressen eingeführt worden. Es sind Einrichtungen vorhanden, um Balken, Decken oder sonstige Baukonstruktionen bis zu 12 m Spannweite zu prüfen. Fig. 7 zeigt diese Belastungsvorrichtung in schematischer Darstellung für den Fall I der vorliegenden Prüfungen. Die hydraulische Presse *a* ist durch Querträger *b*, Zugstangen *l* und Unterzüge *m* mit den Fundamentschäften *c* des zu prüfenden Balkens *d* verbunden. Der Preßdruck wird durch den Kolben *e* durch Vermittlung der Träger *f*, *g*, *h* mit Zwischenrollen *i* und Platten *k* auf den zu prüfenden Balken übertragen.

Der Druck im Preßzylinder wird durch eine Handpumpe erzeugt. Die Druckmessung erfolgt mittels Manometer. Die Entlastung wird dadurch bewirkt, daß das Druckwasser aus dem Preßzylinder in den Vorratsbehälter der Pumpe abgelassen wird.

Diese Belastungsvorrichtung ermöglicht die Durchführung der Prüfung mit geringeren Kosten und in erheblich kürzerer Zeit, als bei unmittelbarer Gewichtsbelastung. Die Belastung erfolgt gleichmäßig. Die Belastungsgeschwindigkeit ist regelbar, es ist nur wenig Bedienungspersonal erforderlich und jede Gefährdung des Personals, insbesondere beim Eintritt des Bruches ist ausgeschlossen.

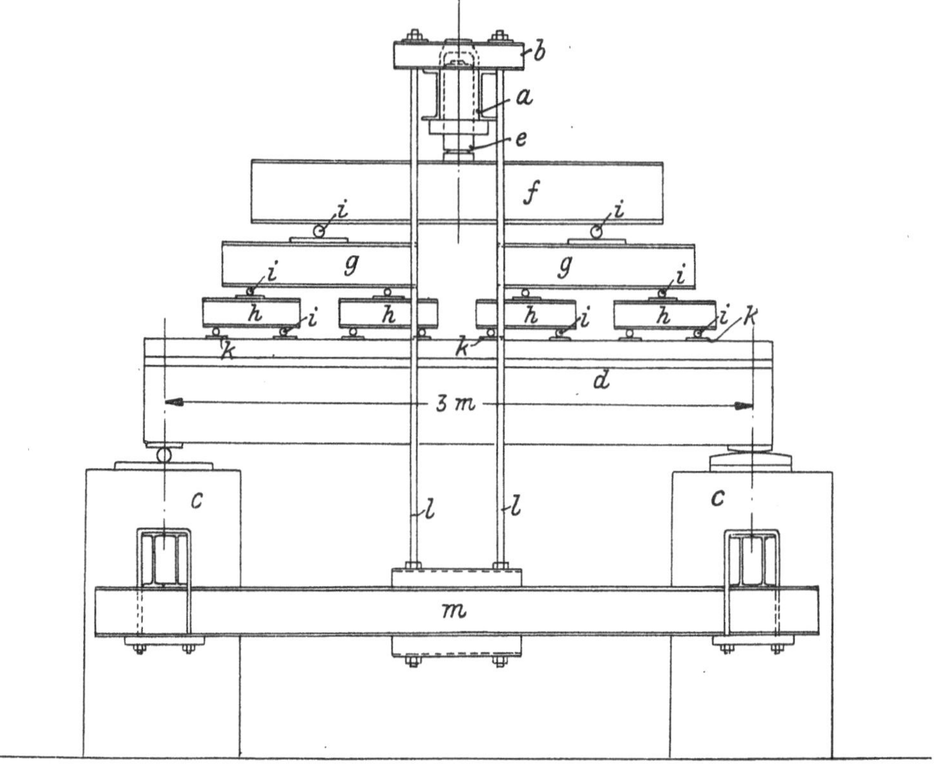

Fig. 7. Schematische Darstellung der Belastungsvorrichtung für Objekt I.

Fig. 7a zeigt das Schema der Belastungsvorrichtung für das Prüfungsobjekt IIIa. Über die Einzelheiten der Ausführung geben die beigefügten

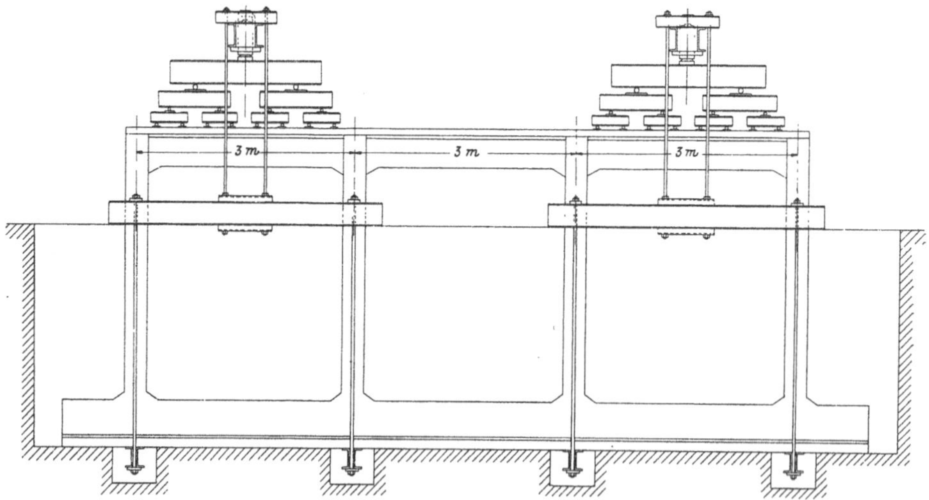

Fig. 7a. Schematische Darstellung der Belastungsvorrichtung für Objekt IIIa.

photographischen Aufnahmen Aufschluß. Die photographischen Aufnahmen lassen auch die Anordnung der Meßvorrichtungen erkennen.

b) Meßvorrichtungen.

Die Messung der Durchbiegung der Balken, sowie die Kontrolle etwaiger Senkungen der Auflager erfolgte mittels Zeigerapparate, welche Ablesungen von $^1/_{100}$ mm gestatteten. Zur Ermittlung der Längenänderungen des Betons dienten Martenssche Spiegelapparate.

Beschreibung der Libellen.

Bei den Versuchen wurden in Holzkästen eingelassene, 30 cm lange Präzisionslibellen mit Teilung verwendet. Diese umfaßte etwa 40 Teilstriche, der Teilwert schwankte um 2″, so daß man noch Fünftel Sekunden schätzen konnte. Die Libellen waren ferner mit einer Zählscheibe für grobe Einstellung und einer Grad-Teilscheibe für feinere Einstellung versehen. Eine Drehung der Scheibe um 1° entsprach einer Neigungsänderung von 0,46″. Die Libellen wurden durch Schrauben auf Bügeln befestigt, die mittels eines eingegipsten prismatischen Stabes mit dem Probe-Balken in Verbindung gebracht waren (siehe Fig. 9—12).

Die Ablesungen an den Libellen ergaben mit großer Genauigkeit die jeweilige Neigung der Tangente an die tatsächliche Biegungslinie. Bei den vier ersten Objekten waren die Libellen über den Auflagern angebracht. Es konnte aus den Libellenablesungen ersehen werden, welcher Grad der Einspannung vorhanden war. Die sich aus den Libellenablesungen ergebende Neigung γ der Biegungslinie ist verschieden von der aus den Durchbiegungsmessungen ermittelten, da die erstere die Tangente an die Biegungslinie angibt, während man aus der letzteren eine Sehne derselben erhält.

V. Prüfung der Versuchsobjekte.

In der nun folgenden Veröffentlichung sind nur diejenigen Tabellen aufgenommen worden, welche von besonderer Wichtigkeit sind und als Grundlagen für diese und weitere Untersuchungen dienen. Es ist dies geschehen in dem Bestreben, die Ergebnisse der Untersuchungen in kurzer und übersichtlicher Form darstellen zu können.

Nach den in der Einleitung angegebenen Richtlinien wurden bei allen Versuchsobjekten eine große Zahl von Feinmessungen vorgenommen, um möglichst genaue Aufschlüsse über die Form- und Spannungsänderungen bei verschiedenen Belastungen zu erhalten.

In Fig. 5a bis e ist die Anordnung der Feinmessungsapparate genau angegeben. Es bezeichnen dort s und s' die zur Messung der Längenänderungen angebrachten Martensschen Spiegelapparate, S die zur Messung der seitlichen Ausbiegungen der Stützen und der Durchbiegungen bei Objekt III a verwendeten Schieberapparate, d die Biegungsmesser, Z dieselben an den Stützen von Objekt III a angebrachten Apparate und L die Libellen.

Die Zahl der aufgebrachten Belastungen ist sehr groß, und die Belastungsstufen wurden verhältnismäßig niedrig bemessen. Wie bei früheren Untersuchungen wurde jede der aufgebrachten Belastungen kurze Zeit festgehalten, bevor alle Ablesungen durchgeführt wurden. Nach jeder Belastung wurde auf die angegebene Ausgangsbelastung entlastet, weil es nach dem Ergebnis der bisherigen Eisenbetonforschungen von größter Wichtigkeit ist, das Verhältnis der bleibenden zu den totalen Formänderungen festzustellen. Die Differenz dieser beiden, die man mit elastisch bezeichnet, wurde der Auswertung der Versuchsergebnisse zugrunde gelegt.

Der Verlauf der Risse ist auf den Abbildungen derart festgehalten worden, daß die Reihenfolge mit eingeklammerten Zahlen bezeichnet und die Belastung an diejenigen Stellen geschrieben wurde, bis zu welcher der Riß durch diese Belastung geöffnet wurde. (Die in den Abbildungen eingeschriebenen Belastungen verstehen sich ausschließlich Eigengewicht und Aufbau, also nur Maschinenbelastung.)

Nach diesen einleitenden Bemerkungen soll auf die wichtigsten Erscheinungen und Beobachtungen während der Untersuchung eingegangen werden. Es sind hier nicht nur diejenigen Fragen berührt, die direkt mit der Aufgabe zusammenhängen, sondern auch solche Fragen, welche durch frühere Untersuchungen angeschnitten oder teilweise geklärt wurden.

Die Ausführung der Versuche erfolgte in zwei Reihen in Zeitabständen von ca. 3 Monaten. Bei der Sorgfalt, mit welcher der Beton gemischt wurde und die Herstellung der Objekte erfolgte, ist die gute Übereinstimmung der Ergebnisse der zu verschiedenen Zeiten vorgenommenen Untersuchungen

Zusammenstellung I.

Nr.	Feldbel. einschl. Ausgangslast (1050 kg), Eigengewicht (1115 kg) und Aufbau (415 kg) kg	Belastung pro lfdm kg	Elastische Verkürzung in der obersten Faser (Balkenmitte) $^1/_{1000}$ mm lfdm	Druckspannung σ_{bd} in der obersten Faser kg/qcm	Zugspannung σ_{bz} in der untersten Faser kg/qcm	Elastische Durchbiegungen in der Mitte mm	Abstand der Nullinie vom oberen Rand cm	Eisenspannung σ_e aus den Spannungsdiagrammen ermittelt (nach Figur 8) kg/qcm	Neigung der Balkenachse am Auflager *A* Sekunden	Bemerkungen
1	3 230 (2 115)	1 077 (705)	21	6,1	7,9	—	22,2	—	2,1	—
2	3 730 (2 615)	1 243 (872)	24	7,0	8,7	—	24,0	—	6,0	—
3	5 030 (3 915)	1 677 (1 305)	33	9,4	11,4	0,01	22,0	—	14,5	—
4	6 280 (5 165)	2 093 (1 720)	39	11,6	14,6	0,02	22,6	—	21,5	—
5	7 530 (6 415)	2 510 (2 135)	49	13,6	17,9	0,08	22,8	—	33,7	—
6	8 730 (7 615)	2 910 (2 540)	58	15,7	21,1	0,13	22,8	—	40,7	—
7	9 980 (8 865)	3 327 (2 955)	65	17,6	17,6	0,18	25,6	—	50,1	—
8	11 230 (10 115)	3 743 (3 705)	75	20,5	22,2	0,23	24,0	—	58,1	—
9	12 480 (11 365)	4 160 (7 390)	86	23,8	28,4	0,31	23,6	—	68,0	$^1/_4$ Bruchlast
10	13 730 (12 615)	4 577 (4 205)	97	26,4	36,0	0,36	22,2	—	76,6	—
	Bei der ersten Versuchsreihe ergab sich									
	13 900 (12 785)	4 633 (4 262)	—	—	40,6	—	—	—	—	—
	Das Mittel aus beiden Reihen ist									
	13 815 (12 700)	4 605 (4 233)	—	—	38,3	—	—	—	—	—
11	14 980 (13 865)	4 993 (4 620)	117	31,2	—	0,42	21,0	1135	89,5	1. Riß
	Bei der ersten Versuchsreihe ergab sich als **Rißlast**									
	15 200 (14 085)	5 067 (4 695)	—	—	—	—	—	—	—	—
	Das **Mittel** aus beiden Reihen ist									
	15 090 (13 975)	**5 030** (4 657)	—	—	—	—	—	—	—	—
12	16 180 (15 065)	5 393 (5 020)	127	33,5	—	0,57	18,0	1200	105,7	$^1/_3$ Bruchlast
13	20 030 (18 915)	6 677 (6 305)	180	46,4	—	0,95	14,6	1420	173,0	—
14	25 080 (23 965)	8 360 (7 990)	242	61,4	—	1,50	12,8	1700	266,2	—
15	31 530 (30 415)	10 510 (10 135)	320	76,4	—	2,21	12,0	2070	372,8	—
16	37 930 (36 815)	12 643 (12 270)	—	—	—	3,06	—	2430	501,5	—
Bruch	51 900 (50 587)	17 300 (16 930)	—	110	—	—	—	3400	—	—
	Bei der ersten Versuchsreihe ergaben sich die Werte									
Bruch	49 300 (48 185)	16 433 (16 062)	—	118	—	—	—	3100	—	—
	Das Mittel aus beiden Reihen ist									
	50 600 (49 485)	**16 867** (16 496)	—	**114**	—	—	—	**3350**	—	—

Bei den Belastungsangaben bedeuten die eingeklammerten Werte die Belastungen ohne Eigengewicht. Die Spannungen sind für Gesamtbelastung, einschl. Eigengewicht, ermittelt.

an den Parallelobjekten verständlich, anderseits beweist diese gute Übereinstimmung, daß die Herstellung der Untersuchungsobjekte trotz der verschiedenen Jahreszeiten sehr gleichmäßig vor sich gegangen ist.

Die Besprechung der Erscheinungen soll im folgenden getrennt nach den Objekten vorgenommen werden.

Objekt I. T-Träger über 2 Stützen, frei beweglich gelagert.

Objekt Ia.	Hergestellt am:	11. Juli 1911.	Bruchlast: 16,43 t pro
	Untersuchungen:	25. August 1911.	laufend. m.
	Alter in Tagen:	45.	
Objekt Ib.	Hergestellt am:	2. Oktober 1911.	Bruchlast: 17,3 t pro
	Untersuchungen:	14. November 1911.	laufend. m.
	Alter in Tagen:	45.	

Zur genauen Ermittlung der Längenänderungen, der Lage der Null-Linie und der Spannungsverteilung über den Querschnitt wurden in bekannter Weise in verschiedenen Höhen des Querschnittes Spiegelapparate befestigt. Die Messungen der Längenänderungen erfolgten innerhalb einer Strecke von nahezu gleichbleibendem Biegungsmoment. Die Ergebnisse dieser Messungen sind in beistehender Tabelle I verarbeitet und in Fig. 8 graphisch dargestellt. In Fig. 8a bis c ist auch für zwei Fälle angedeutet, in welcher Weise die Spannungen im Beton und Eisen direkt aus den Messungen abgeleitet wurden. In Fig. 8a sind die Längenänderungen, die sich aus den Spiegelmessungen ergeben haben, eingetragen. Die daraus sich ergebende Lage der Null-Linie mit zunehmender Belastung ist in Fig. 8b ersichtlich.

Wir sehen in diesen beiden Figuren die bereits bekannten Beobachtungen bestätigt, welche sich auf die Veränderung des Querschnittes und auf das Wandern der Null-Linie bei zunehmender Belastung beziehen.

Die Ermittlung der Spannungsverteilungslinien geschah mit Hilfe der aus den Elastizitätsmessungen sich ergebenden, in Fig. 6 enthaltenen Schaulinie, in welcher die zu den jeweiligen Längenänderungen gehörenden Zug- und Druckspannungen im Beton aufgetragen sind. So z. B. ergibt sich für den Belastungsfall 10 115 kg (3378 kg/lfdm) in Fig. 8c die Linie der Spannungen $A' O' B'$. Auf graphischem Wege ist für die Druckspannungsfläche $A O A'$ die Druckkraft D_b abgeleitet worden, und für die Spannungsverteilung auf der Zugseite nach der Linie $O' B'$ ist gleichfalls auf graphischem Wege die Zugkraft Z_b ermittelt worden. Durch Zusammensetzung von Z_b und Z_e erhält man sonach die mittlere Zugkraft Z_{b+e}.

Aus der Figur 8c ergeben sich einerseits der Abstand der resultierenden Kräfte für Zug und Druck, andererseits auch die Randspannungen im Beton. Auf diesem Wege sind sonach die an der Meßstelle hervorgerufenen Spannungen direkt aus den Versuchen ermittelt worden. In derselben Weise sind auch bei den anderen Versuchsobjekten die Normalspannungen im Beton und Eisen ermittelt worden.

Zu bemerken wäre noch, daß sowohl bei der Ermittlung der Spannungen, als auch bei der Messung der Durchbiegungen nur die Differenzen zwischen den totalen und bleibenden in Betracht gezogen sind. Die Messung der Durchbiegungen bei der ersten und zweiten Versuchsreihe ist in Fig. 8d ersichtlich, ebenso die gemessenen Libellenausschläge, letztere in tausendfacher Vergrößerung. Da der Maßstab für die Längen 1 : 10 beträgt, der

Maßstab für die Durchbiegungen 1 : 100, so ist auf diese Weise möglich, die Ausschläge der Libellen mit den Durchbiegungslinien auf der Figur direkt zu vergleichen. Die gemessenen Neigungen der Balkenachse mit zunehmender Belastung, welche zum Vergleich mit den bei den späteren Objekten durchgeführten Messungen dienen, sind in der vorletzten Reihe in Zusammenstellung I ersichtlich.

Über das Auftreten und den Verlauf der Risse geben Fig. 8e und 8f Aufschluß. Sie bieten nach den bisherigen Ergebnissen der Versuchsforschung nichts Neues, bestätigen aber früher gemachte Beobachtungen. Der Verlauf der Risse ist bei den Objekten I beider Versuchsreihen sehr regelmäßig. Wir ersehen aus Fig. 8f, daß die ersten Risse alle vertikal verlaufen, solange sie durch die Biegungsmomente hervorgerufen werden. Bei höheren Belastungen, bei welchen sich der Einfluß der größeren Querkräfte bemerkbar macht, wo also in der Nähe des Auflagers die schiefen Zugspannungen ihren größten Wert erreichen, äußert sich dies sofort in der Neigung der Risse, wie dies bei Riß (11) (13), und (15) deutlich zu ersehen ist. Die Neigung der Risse

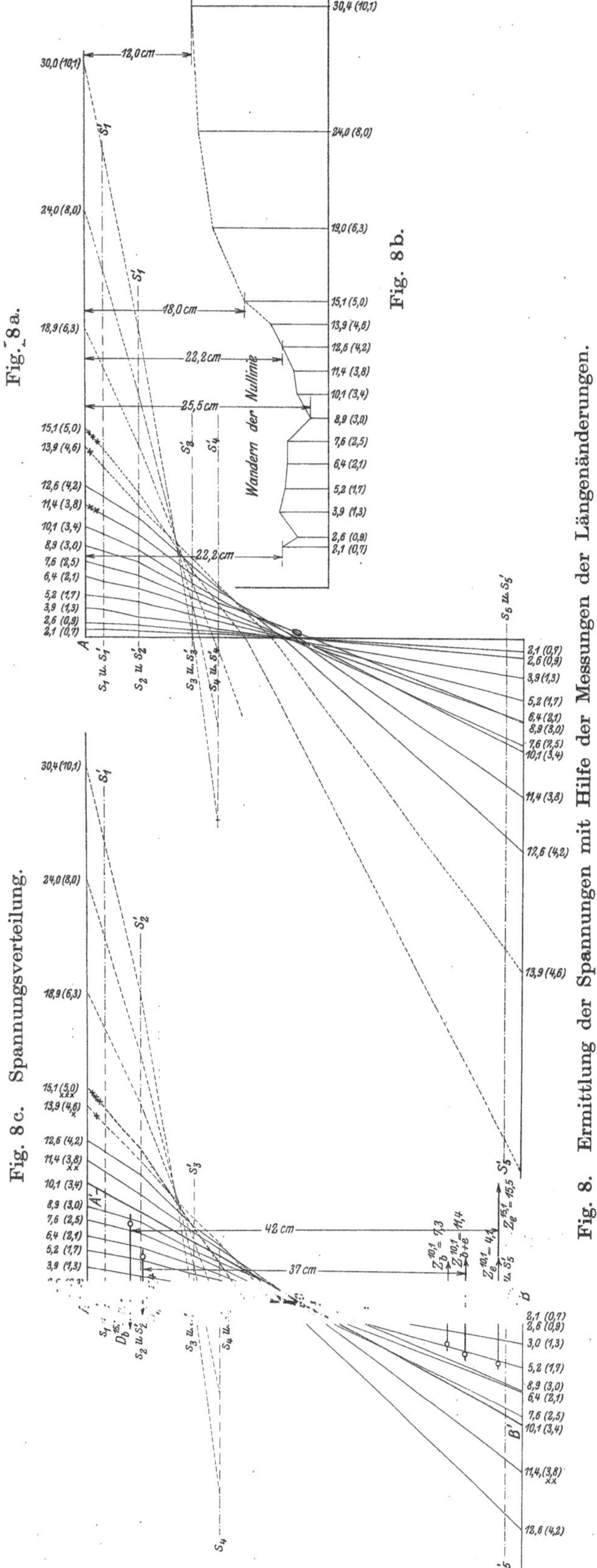

Fig. 8a.

Fig. 8b.

Fig. 8c. Spannungsverteilung.

Fig. 8. Ermittlung der Spannungen mit Hilfe der Messungen der Längenänderungen.

gegen die Balkenachse wird gegen das Auflager hin größer, entsprechend den größeren Querkräften.

Da gegen die Wirkung der schiefen Risse entsprechende Eiseneinlagen vorgesehen waren, und ferner der Probekörper derart dimensioniert wurde, daß der Bruch durch die Biegungsmomente herbeigeführt werden sollte, ist die Zahl der gegen die Auflager auftretenden schiefen Risse verhältnismäßig gering. Mit zunehmender Belastung trat auch eine sehr bald mit freiem Auge sichtbare Verlängerung und Erweiterung des Risses (2) ein und an dieser Stelle erfolgte auch bei einer Belastung von 16,9 t lfdm (im Mittel) der Bruch.

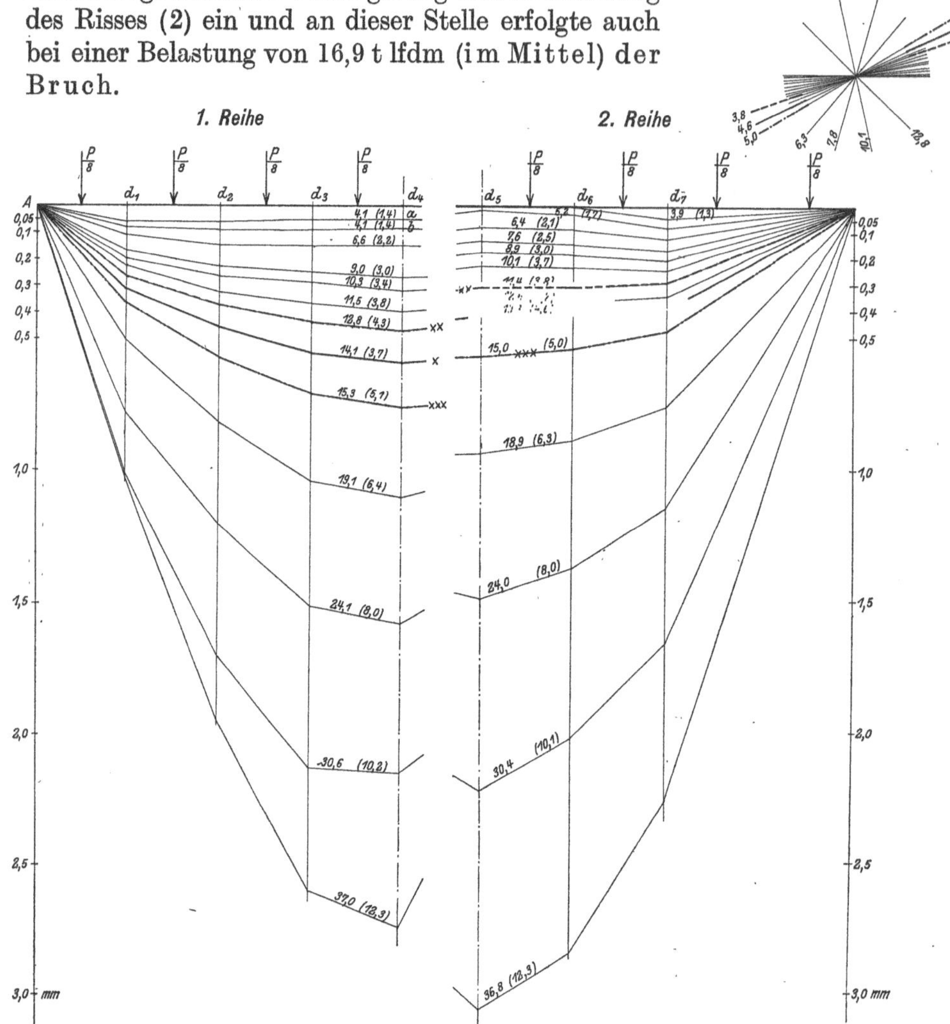

Fig. 8d. Darstellung der gemessenen Durchbiegungen und der Neigung der Balkenachse über dem Auflager.

Zu beachten ist bei den beiden Versuchsreihen das gleichmäßige Auftreten der Risse (bei Reihe 1 traten die ersten Risse bei einer Belastung von 5,07, bei der zweiten Versuchsreihe bei einer Belastung von 4,99 t auf) und der geringe Unterschied in den Bruchlasten (bei Reihe 1 trat der Bruch bei 16,4 t und bei Reihe 2 bei 17,3 t pro lfdm auf). Es ist dies auch ein Beweis für die gleichartige Herstellung und für die gleichmäßige Betonmischung.

Betrachtet man die bei verschiedenen charakteristischen Belastungen auftretenden Spannungen im Beton und Eisen, so wird man durch Vergleich der aus den Messungen direkt ermittelten Werte mit den aus der Rechnung sich ergebenden Zahlen gewisse Abweichungen finden, welche neuerdings zeigen, daß man bei Bearbeitung derartiger Versuche durch die Ermittlung der Spannungswerte nach einer der üblichen Rechnungsmethoden leicht zu

Fig. 8e. Bruchstadium bei dem Balken auf 2 Stützen (Objekt I, Reihe 2).

Fehlschlüssen gelangen kann. Man ersieht ferner daraus, welchen Wert man den aus der Rechnung sich ergebenden Werten beizumessen hat.

Betrachten wir vorerst diejenige Belastung, welche zu dem Auftreten der Risse führt. Es ist dies in der Zusammenstellung I die unter 10 ver-

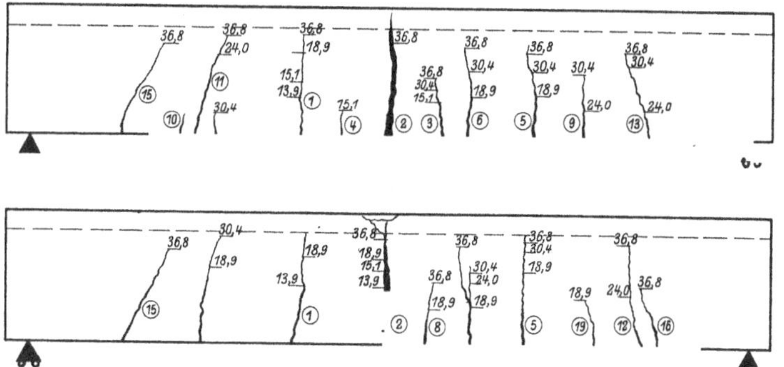

Fig. 8f. Träger auf 2 Stützen. Darstellung des Verlaufes der Rißbildung.

zeichnete Laststufe, welche deshalb von Wichtigkeit ist, weil sie uns die aus der Messung sich ergebenden größten Zugspannungen im Beton angibt. Wir erhalten aus den gemessenen größten Verlängerungen des Betons einen Wert σ_{bz} von 38,3 kg/qcm, während die Berechnung nach den preußischen Bestimmungen den Wert von 20,9 ergibt.

Bei der Belastung von 15,9 t, bei welcher das erste Auftreten der Risse beobachtet wurde, ergibt sich nach der Berechnung unter der Annahme gradliniger Spannungsverteilung und Nichtberücksichtigung der Zugspannungen im Beton für die Randspannung im Beton auf Druck ein Wert σ_{bd} von 39,4, während man aus den Messungen einen Wert von 31,2 kg/qcm erhält. Für die Bruchlast 16,9 t/m ist die größte Druckspannung im Beton aus den Messungen mit 114 kg/qcm ermittelt worden, die Berechnungen ergeben 132 kg/qcm, also in beiden Fällen sind die gerechneten Werte für σ_{bd} größer, als die aus den Messungen direkt ermittelten.

Die mit Hilfe der Messungen ermittelten Spannungen im Eisen sind höher als die, welche sich aus der Berechnung ergeben. Die Differenz zwischen diesen beiden Werten wird aber geringer, je höher die Belastung. So ist für die Belastung von 5,4 t/lfdm kurz nach dem Auftreten der ersten Risse eine Spannung im Eisen von 1200 kg/qcm ermittelt worden, während die Berechnung nach den ministeriellen Vorschriften 1105 kg/qcm ergibt. Die Differenz ist darauf zurückzuführen, daß der Abstand von Zug- und Druckmittelpunkt, der von der Lage der Nullinie abhängt, aus den Messungsresultaten kleiner gefunden wurde, als die Berechnung ergibt.

Für die Bruchlast (50,6 t) zeigte sich sowohl aus den Messungsergebnissen, wie aus der Berechnung, daß das Eisen Spannungen von etwa 3400 kg/qcm erhält, daß also die Streckgrenze überschritten ist.

Von Interesse ist ferner die Größe der Schubspannungen im Beton τ_0, berechnet ohne Berücksichtigung der Eiseneinlagen; sie ergibt sich bei Objekt I für die höchste Belastung mit 26,4 kg/qcm. Hierbei ist aber zu beachten, daß die schiefen Risse am Auflager trotz dieser hohen Schubspannungen sehr fein waren und kaum bis an die Platte heranreichten.

Besondere Beachtung verdient die Beobachtung, welche an fast allen Versuchskörpern gemacht wurde, und welche auch bereits in früheren Fällen bei anderen Forschungen zu bemerken war, daß das Auftreten der Risse an solchen Stellen erfolgt, wo Vertikalbügel eingelegt wurden. In Abbildung 9a und b sind zwei charakteristische Rißstellen dargestellt, welche nach den Versuchen durch Abschlagen des Betons bloßgelegt sind. Man kann dort beobachten, daß die Bügel nicht an den Längseisen anliegen, sondern daß zwischen ihnen eine Betonschicht liegt. Gerade dieser Umstand dürfte mit zur Erklärung der Rißbildung herangezogen werden können. Es ist anzunehmen, daß in Fällen, wo die Bügel nicht direkt an den Längseisen anliegen, eine Schwächung des Betonquerschnittes eintritt, und auf diese Weise ein früheres Auftreten der Risse herbeigeführt wird.

Zu einer allgemeinen Schlußfolgerung berechtigen die bisherigen Beobachtungen jedoch nicht, sie werden aber erwähnt, damit auch anderweitig über den gleichen Gegenstand Beobachtungen angestellt werden.

Das mit m bezeichnete größte Biegungsmoment beim Eintreten des Bruches ist aus den größten Spannungen im Eisen $\sigma_{e\max}$ und dem aus den Messungen abgeleiteten Abstand h_{ZD} der Mittelkräfte der Zug- und Druckspannungen (Z und D) berechnet worden.

Es ist

$$m = \sigma_{e\max}\, f_e h_{ZD} \quad \ldots \ldots \ldots \ldots \quad (1)$$

Hierbei ist $f_e = 12{,}7$ qcm, die Querschnittfläche der Eiseneinlagen.

$$\sigma_{e\max} = 3350 \text{ kg/qcm.}$$

Die Streckgrenze der Eiseneinlagen betrug, wie aus Versuchen ermittelt wurde, im Mittel 3000 kg/qcm; damit ist aber die obere Streckgrenze ge-

Fig. 9a.

meint, diejenige Spannung, bei welcher der Beginn des Streckens eintritt.[1]) Für die Ermittlung des Biegungsmomentes kurz vor dem Bruch kann

Fig. 9b.

daher $\sigma_e = 3350$ kg/qcm eingesetzt worden, was auch mit den aus den Versuchen direkt ermittelten Spannungen übereinstimmt.

[1]) Siehe Bach, Elastizität und Festigkeit.

h_{ZD} ist die Entfernung von D und Z unmittelbar vor dem Bruch (s. Fig. 8c); die Größe von c ergibt sich bei höheren Belastungen als Abstand zwischen D und der Achse der Eiseneinlagen. Zur Ermittlung des Angriffspunktes von D war es notwendig, die wirkliche Lage der Nullinie x zu bestimmen. Die Messungen wurden nur bis zu der Belastung von 31,5 t vorgenommen; dieser Belastung entsprach bei Objekt I ein $x = 12$ cm. Bei der Belastung von 36,8 t reichten die Risse 1 und 2 bis etwa 12 cm unterhalb Oberkante, so daß man, ohne einen großen Fehler zu machen, annehmen kann, daß kurz vor Eintreten des Bruches $x = 8$ cm betrug, also die Nullinie für diesen Fall mit der Unterkante der Platte zusammenfiel. Sonach ist, da der Abstand c der Eiseneinlagen von der Unterkante a nachträglich mit 2 cm ermittelt wurde,

$$h_{ZD} = h - a - \frac{x}{3} = 50 - 2 - \frac{8}{3} = 45{,}3 \text{ cm}.$$

Mithin ist $m = 3350 \cdot 45{,}3 \cdot 12{,}7 = 19{,}3$ tm.

Das Biegungsmoment der äußeren Kräfte für den Bruch

$$M = \frac{Q\,l}{8} = \frac{51{,}7 \cdot 3}{8} = 19{,}38 \text{ tm}.$$

Hierbei ist für Q die aus den Versuchen ermittelte Bruchlast P von 50,6 t vermehrt um das Eigengewicht $G = 1{,}120$ kg eingesetzt worden. $Q = G + P = 51{,}72$ t.

Man ersieht aus dem Vergleich des aus den Versuchen abgeleiteten Biegungsmomentes m der inneren Kräfte mit dem aus der Bruchlast gerechneten Biegungsmoment M der äußeren Kräfte eine sehr gute Übereinstimmung, die noch deutlicher veranschaulicht wird, wenn aus der Gleichung

$$\frac{Q\,l}{\alpha} = m = 19{,}3 \text{ tm}$$

$\alpha = \frac{Q\,l}{m}$ ermittelt wird;

$$\alpha = \frac{51{,}7 \cdot 3}{19{,}3} = 8\,.$$

Auf diesen Koeffizienten α soll noch später zurückgekommen werden.

Objekt II. Träger auf 3 Stützen, frei beweglich gelagert.

	I. Versuchsreihe:	II. Versuchsreihe:
Tag der Herstellung:	12. Juli	3. Oktober
Tag der Prüfung:	28. August	17. November
Alter in Tagen:	47	45
Bruchlast Q in t/lfm:	20,44	22,21

Ganz andere Erscheinungen wie bei Objekt I, bei welchem über den Verlauf der Rißbildung und die Brucherscheinungen nur dasjenige bestätigt wurde, was bereits aus früheren Versuchen bekannt war, treten bei der Riß- und der Bruchbildung von Objekt II, einem Träger auf 3 Stützen auf.

Wie schon in der Einleitung hervorgehoben wurde, sind die äußeren Abmessungen und die Eiseneinlagen dieselben wie bei Objekt I bis auf ein abgebogenes schiefes Eisen, welches wegen der errechneten größeren Schubspannungen eingelegt werden mußte.

Der Verlauf der Rißbildung ist in den ersten Belastungsstadien ähnlich wie bei Objekt I. Bei einer Belastung von 4,66 t/lfdm im Mittel (bei der ersten Versuchsreihe 4,5, bei der zweiten Versuchsreihe 4,9 t/lfdm) traten die ersten Risse 1 und 2 im Felde I auf; bei der Belastung 5,3 t/lfdm erschien Riß 3. Bei der nächst höheren Belastung 6,5 t/lfdm entstanden im rechten Feld die Risse 5, 7 und 8 und im linken Feld Riß 6, 9 und 10, wie sie auch in Fig. 10c eingezeichnet sind. Man ersieht dort auch, daß alle diese Risse senkrecht zur Balkenachse verlaufen, also nur auf die Überwindung der Normalspannungen infolge der positiven Feldmomente zurückzuführen sind.

Erst bei der Belastung von 8,3 t/lfdm entstand neben den Zugrissen 11 bis 17 der erste Riß 14, welcher von der Oberkante des Trägers nahezu senkrecht über dem mittleren Auflager nach unten ging, der auf die großen negativen Momente zurückzuführen ist. Der Grund, weshalb dieser Riß, der später zum Bruch führte, erst bei einer verhältnismäßig hohen Belastung auftrat, ist darin zu suchen, daß der auf Zug beanspruchte Betonquerschnitt wegen der mitwirkenden Platte viel größer ist, als der Zugquerschnitt an der Stelle der größten positiven Momente (siehe Fig. 10a, 10c).

Der Verlauf der nächsten Risse, die innerhalb der positiven Momente auftraten, bietet wenig Bemerkenswertes. Erst bei einer Belastung von 10,4 t/lfdm entstanden in der Nähe der Widerlager die ersten schiefen Risse, welche zeigten, daß die Schubfestigkeit des Betons bzw. die Zugfestigkeit in der Richtung der schiefen Zugspannungen überschritten wurde. Der große schiefe Riß (siehe Fig. 10c) in der Nähe der Auflager ist ganz plötzlich bei einer Belastung aufgetreten, welche in der Nähe der Bruchlast lagen.

Bei dieser Gelegenheit soll auf eine Erscheinung verwiesen werden, welche besondere Beachtung verdient. Bei der Versuchsreihe I waren die Widerlager aus Mauerwerk hergestellt worden. Bei den höheren Belastungen in der Nähe des Bruches trat im mittleren Widerlager ein ganz feiner Riß in einer vertikalen Fuge des Mauerwerks auf. Trotzdem sich der Riß nur ganz wenig öffnete, brach bei Belastung von etwa 15 t/lfdm die auf dem Widerlager aufliegende gußeiserne Auflagerplatte mitten entzwei. Die in der Platte durch die Nachgiebigkeit des Widerlagsmauerwerkes hervorgerufenen Biegungsspannungen hatten den Bruch der Platte herbeigeführt. Dadurch wurde die ganze Belastungsvorrichtung erschüttert, — das Versuchsobjekt wurde jedoch nicht zerstört, — und der Versuch mußte unterbrochen werden. Nachdem die Wider-

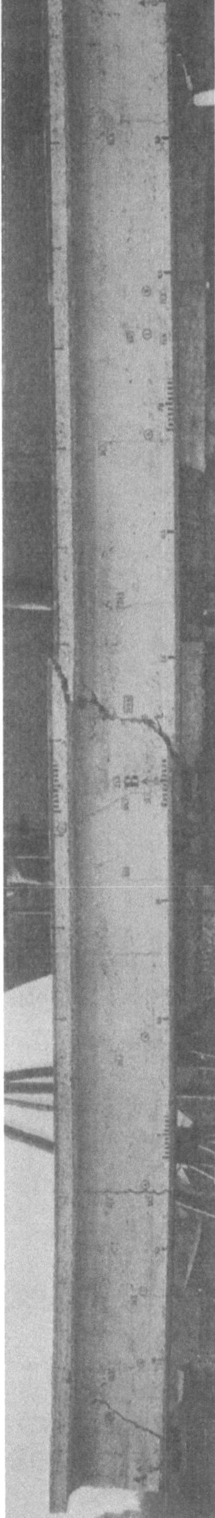

Fig. 10a. Träger auf 3 Stützen; 1. Reihe: Bruchbild nach der Zerstörung.

lager verstärkt worden waren, konnte der Versuch bis zum Bruche fortgeführt werden, welcher bei einer Belastung von 20,1 t/lfdm eintrat.

Dieser unfreiwillige Versuch weist darauf hin, daß man in keinem Falle bei einer Auflagerung auf gewöhnlichem Mauer-

Fig. 10b. Träger auf 3 Stützen; 2. Reihe. Bruchbild bei der Höchstlast.

werk mit einer vollen Einspannung rechnen darf, selbst wenn alle sonstigen Bedingungen einer Einspannung erfüllt sind. Die Widerlager für die Objekte der zweiten Reihe wurden infolge dieser Erfahrungen aus einem mit Längseisen verstärkten guten Beton hergestellt.

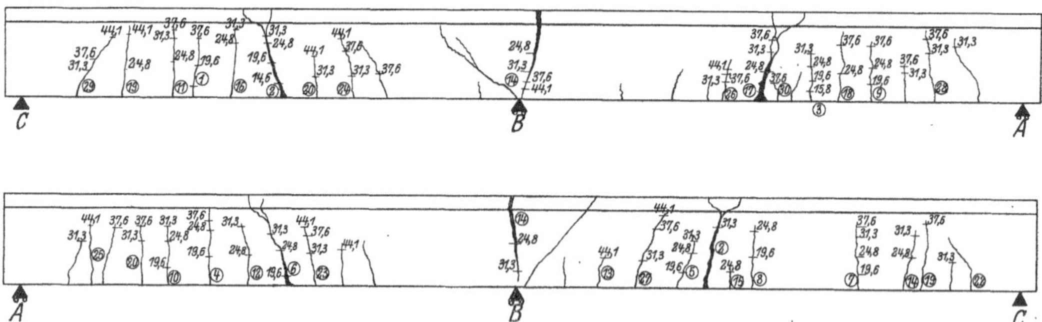

Fig. 10c. Aufnahme von der Entstehung und dem Verlauf der Risse bis zum Bruch.

Die Rißerscheinungen sind bei dem Objekt II der zweiten Reihe ganz ähnlich denjenigen der ersten Reihe. Der Bruch trat bei beiden durch Erweiterung und Verlängerung des über dem Auflager befindlichen Risses von oben nach unten hin ein, während die Risse in den beiden Feldern an der Stelle der größten positiven Momente sich gleichzeitig erweiterten (siehe Fig. 10b). Im Stadium des Bruches selbst aber blieben die beiden letzten

Risse unverändert, während der Riß über dem mittleren Auflager immer weiter klaffte, bis der Zusammenhang des Betonquerschnittes aufhörte, wie dies aus Fig. 10a und b ersichtlich ist.

Der Bruch trat bei Reihe II bei einer Belastung von 21,8 t/lfdm auf. Es ergibt sich gegen die Bruchbelastung des gleichen Objektes bei der ersten Reihe ein kleiner, wenn auch nicht wesentlicher Unterschied. Im Mittel ergibt sich sonach für den Träger auf 3 Stützen eine **Bruchbelastung** von 20,95 t/lfdm.

In Zusammenstellung II sind die gemessenen elastischen Durchbiegungen in der Mitte der beiden Felder eingetragen, ferner sind auch dort die aus den Libellenablesungen ermittelten Neigungen der Balkenachse über den Auflagern verzeichnet. Die zeichnerische Darstellung ist in Fig. 10d enthalten.

Aus dem Verlauf der Durchbiegungen zeigt sich, daß mit dem Auftreten des ersten Risses über dem mittleren Auflager die Durchbiegungen in den beiden Feldern stark zunehmen, daß ihre absoluten Werte aber kleiner sind als die Durchbiegungen des Trägers über zwei Stützen bei den gleichen Belastungen, was ja zu

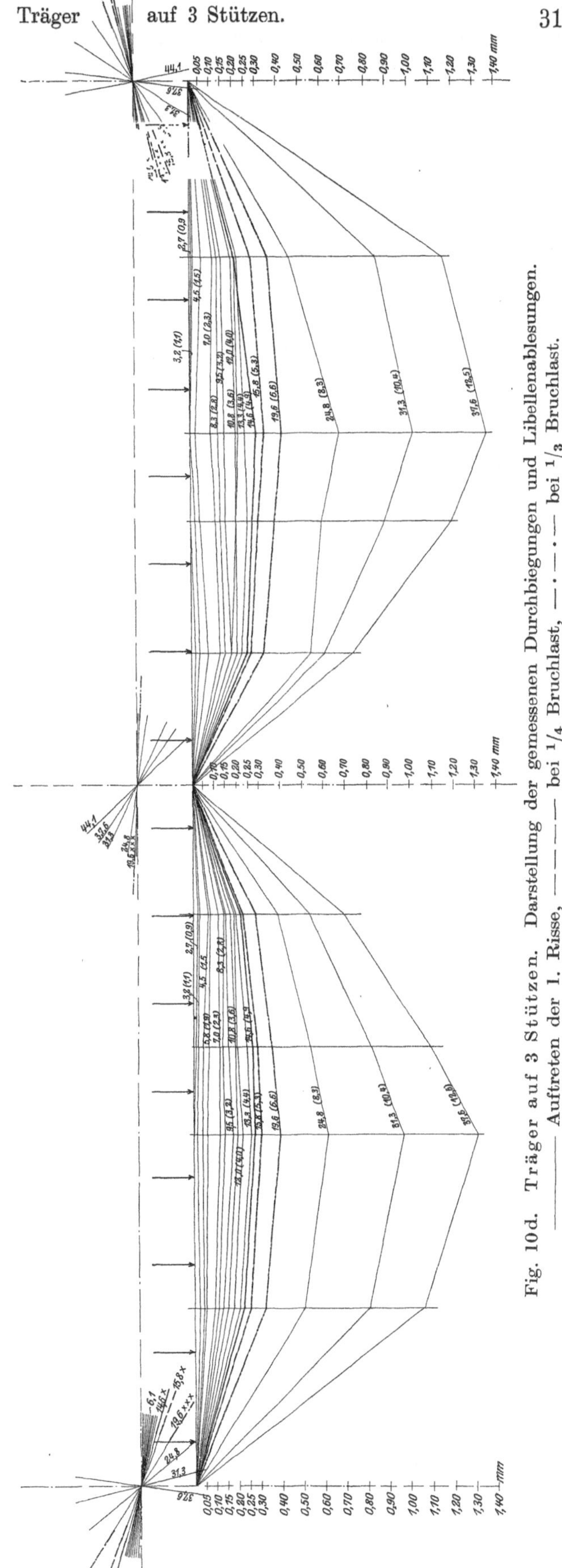

Fig. 10d. Träger auf 3 Stützen. Darstellung der gemessenen Durchbiegungen und Libellenablesungen. ——— Auftreten der 1. Risse, — — — bei $^1/_4$ Bruchlast, —·—·— bei $^1/_3$ Bruchlast.

erwarten war. Die Messung der Neigung der Balkenachse über den Auflagern ist gleichfalls in Zusammenstellung II eingetragen. Es ergibt sich zwischen den Messungswerten über dem linken und rechten Auflager ein kleiner Unterschied, der wohl kaum in Betracht kommt; im großen und ganzen zeigt sich eine sehr gute Übereinstimmung.

Zusammenstellung II.

Nr.	Feldbelastung P, einschl. Ausgangslast kg	Belastung pro lfdm kg	Neigung der Balkenachse am linken Auflager Sekunden	Neigung der Balkenachse am mittleren Auflager Sekunden	Neigung der Balkenachse am rechten Auflager Sekunden	Elastische Durchbiegungen in der Mitte des linken Feldes mm	rechten Feldes mm
1	2 710	903	3,65	0,5	4,0	0,00	0,00
2	3 210	1 070	5,15	0,5	5,45	0,01	0,00
3	4 510	1 503	9,4	1,8	14,6	0,04	0,02
4	5 760	1 920	16,8	2,5	17,9	0,06	0,06
5	7 030	2 343	22,7	3,5	21,6	0,11	0,09
6	8 260	2 753	28,6	2,65	25,2	0,14	0,13
7	9 530	3 177	34,5	4,4	27,1	0,18	0,16
8	10 810	3 603	39,2	3,9	45,7	0,20	0,21
9	12 030	4 010	43,7	4,5	51,9	0,22	0,22
10	13 310	4 437	48,7	4,7	55,7	0,26	0,25
11	14 560[1]	4 853	49,9	5,45	52,7	0,28	0,30
	Bei der ersten Versuchsreihe ergab sich als Rißlast						
	13 390[1]	4 463	—	—	—	—	—
	Das Mittel aus beiden Reihen ist						
	13 975[1]	4 658	—	—	—	—	—
12	15 800[2]	5 267	60,5	6,45	60,1	—	—
13	19 630[3]	6 543	77,1	7,6	81,9	0,31	0,34
14	**24 760**[4]	**8 253**	121,4	32,25	134,8	0,39	0,42
15	31 270	10 423	187,7	95,2	214,6	0,62	0,69
16	37 620	12 540	274,5	129,6	300,2	0,99	1,05
17	44 060	14 687	350,4	174,1	359,4	1,33	1,38
Bruch	65 510	21 837	—	—	—	—	—
	Bei der ersten Versuchsreihe ergaben sich die Werte						
Bruch	60 190	20 063	—	—	—	—	—
	Das Mittel aus beiden Reihen ist						
	62 850	**20 950**	—	—	—	—	—

1) 1. Riß.

2) $1/4$ Bruchlast.

3) $1/3$ Bruchlast.

4) 1. Riß über der Stütze. Das Eigengewicht des Balkens beträgt pro Feld 1120 kg.

Ganz anders ist der Verlauf der gemessenen Neigungen über dem mittleren Auflager; sie beträgt beim ersten Auftreten der Risse an dieser Stelle bei einer Belastung von 8,2 t/lfdm nur 7,6 Sekunden, weniger als ein Zehntel der Neigung über den äußeren Auflagern. Erst nach dem Auftreten des Risses 14 über der mittleren Stütze ergibt diese Libellenablesung größere Werte, welche aber nicht mehr in Betracht gezogen werden können, weil sich nunmehr die Lage der Libelle verschiebt, deren Befestigungspunkt nicht mehr senkrecht über dem Auflager ist. Man ersieht aus den Libellenablesungen, daß bis zu dem Auftreten der ersten Risse die Neigung der Balkenachse über dem mittleren Auflager sehr gering, praktisch nicht viel von Null verschieden ist, was auf eine vollkommene Einspannung hinweist. Diese wird auch durch die gemessenen Durchbiegungen zum Teil bestätigt.

Der Bruch ist, wie aus den Fig. 10a bis c deutlich hervorgeht, durch Überschreiten der Streckgrenze der oberen Eiseneinlagen fast senkrecht über dem mittleren Auflager eingetreten.

Bestimmt man nach dem früher Gesagten das Moment über der mittleren Stütze $m_B = \sigma_{e\max} f_e c$, indem man für $\sigma_e = 3350$ kg/qcm $f_e = 12{,}7$ qcm (über dem mittleren Auflager war derselbe Eisenquerschnitt vorgesehen wie in Feldmitte) und für $c = h - a - \frac{x}{3} = 50 - 3 - \frac{9}{3} = 44$ einsetzt. (Kurz vor dem Eintreten des Bruches wird x, der Abstand der Nullinie von der Unterkante, mit 9 cm angenommen, wie man dies auch aus Fig. 10b ersieht, eine Aufnahme kurz vor dem Bruch, während 10a eine Aufnahme nach dem Bruch darstellt.)

Es ist sonach $m = 3350 \cdot 12{,}7 \cdot 44 = 18{,}7$ tm.

Das Moment der äußeren Kräfte ergibt sich aus folgender Gleichung:

$$M = \frac{Q\,l}{\alpha}.$$

Soll $M = m_B$ sein, so ergibt sich

$$\alpha = \frac{Q\,l}{m_B}.$$

Für Reihe 1 ergibt sich bei einer Höchstlast $P = 60{,}19$ t, bei Berücksichtigung des Eigengewichtes die Bruchlast $Q = 61{,}31$ t.

$$\alpha_1 = \frac{61{,}31 \cdot 3}{18{,}7} = 9{,}8\,.$$

Für Reihe 2 ist

$$\alpha_2 = \frac{66{,}63 \cdot 3}{18{,}7} = 10{,}6\,;\; Q = 66{,}63 \text{ t.}$$

α im Mittel etwa **10**

Objekt III, T-Träger auf 3 Stützen, frei beweglich gelagert.

	I. Versuchsreihe:	II. Versuchsreihe:
Tag der Herstellung:	13. Juli	4. Oktober
Tag der Prüfung:	30. August	20. November
Alter in Tagen:	48	46
Bruchlast in t/lfdm:	18,14	19,04

Objekt III war ein Plattenbalken auf 4 Stützen, dessen Querschnittsabmessungen denen der anderen Probekörper entsprachen. Die 3 Feldweiten betrugen je 3,0 m.

Belastet wurden die beiden Endfelder, um den Einfluß derselben auf die im unbelasteten Mittelfeld auftretenden negativen Momente zu prüfen, und die Bruchursachen für diese ungünstige Belastung zu studieren.

Beobachtet wurden:

Die Durchbiegungen des Balkens, sowie die Einsenkung der Auflager mittels Zeigerapparate.

Die Längenänderungen in Mitte des Mittelfeldes mittels Spiegelapparate.

Die Neigung der Balkenachse über den Auflagern mittels Libellen (siehe Fig. 11a).

Es wurde in Belastungsstufen von 0,4 t/lfdm wie bei den anderen Objekten vorgegangen.

Fig. 11a. Objekt III: T-Balken über 4 Stützen. Anordnung der Spiegelapparate, der Durchbiegungsmesser und der Libellen.

Bei Reihe I wurde der erste Riß als ganz feiner Kantenriß bei einer Belastung von 3,6 t/lfdm in Mitte des linken Endfeldes auf der Vorderseite beobachtet, doch wurde er erst bei 5,4 t/lfdm deutlicher und griff auch auf die andere Seite über. Bei dieser Belastung entstand auch der erste Riß im rechten Endfeld. Bei der folgenden Stufe mehrten sich die Risse.

Bei 8,4 t/lfdm bildeten sich gleichzeitig drei Risse im unbelasteten Mittelfeld in der Platte.

Bei 12,9 t/lfdm wurde ein Riß in der Platte nächst Auflager *B* bemerkt.

Es wurden nunmehr die Spiegelapparate und Libellen abgenommen, da die eintretenden großen Ausschläge eine zuverlässige Ablesung nicht mehr ermöglichten.

Bei einer Belastung von 15,0 t/lfdm entstand der erste schiefe Riß am Endauflager *D*. Bei dieser Belastung wurden die letzten Zeigerablesungen gemacht und sodann auch diese Apparate weggenommen, um sie beim Eintreten des Bruches nicht zu gefährden. Dieser erfolgte schließlich bei einer Belastung von 17,8 t/lfdm in der Mitte des linken Endfeldes.

Der Versuch wurde etwas beeinflußt durch

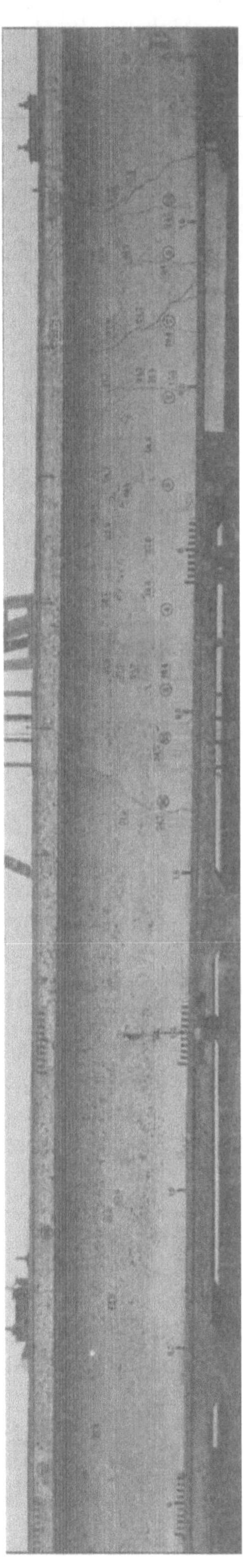

Fig. 11 b. T-Balken über 4 Stützen. (1. Reihe.) Bruchbild mit der Darstellung der Rißbildung.

die Art der Belastung. Wie aus Fig. 11a zu ersehen, wurde der Gegendruck für die Pressen durch Zugstangen auf Profileisen übertragen, die über je ein Feld reichten und die sich wiederum auf Eisen stützten, die in die Widerlager des Probekörpers eingelassen waren. Da sich nun der Gegendruck dieser Träger gleichmäßig auf beide Auflager verteilte, während der Probebalken infolge der Kontinuität das Mittelauflager stärker belastete, so entstand am Endauflager eine nach oben gerichtete Kraft, welche einen horizontalen quer durch das ganze Fundament gehenden Riß herbeiführte. Es ruhte somit, streng genommen, der Probekörper nur auf den beiden Mittelstützen auf. Darauf ist auch das Auftreten der Schubrisse an den Endauflagern zurückzuführen, während sie rechnungsmäßig eher an den Mittelauflagern hätten entstehen sollen, da dort die Vertikalkraft am größten war. Da jedoch die Bewegungen der Widerlager A und D nach oben gemessen und mit in Rechnung gezogen wurden, wurde dieser Einfluß berücksichtigt.

Der obenerwähnte Übelstand wurde bei der zweiten Versuchsreihe dadurch gemildert, daß Eisenbetonfundamente Verwendung fanden, die imstande waren, die nach

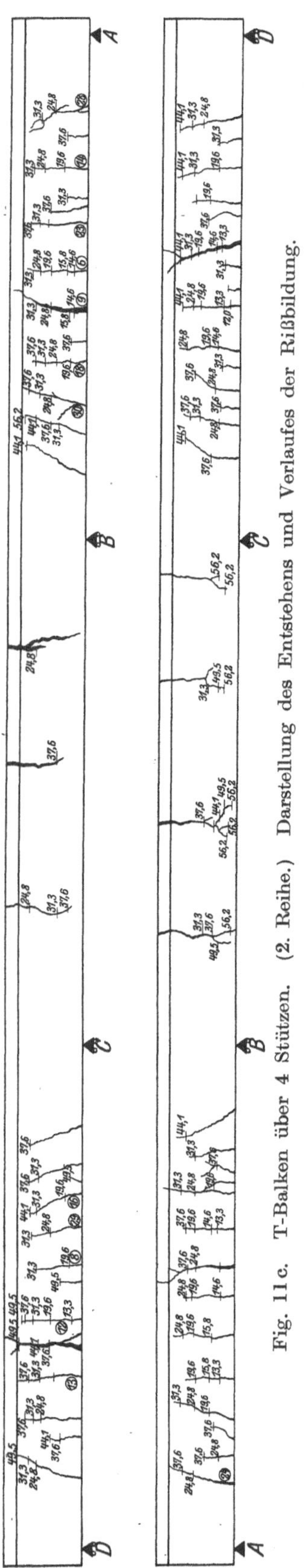

Fig. 11c. T-Balken über 4 Stützen. (2. Reihe.) Darstellung des Entstehens und Verlaufes der Rißbildung.

oben gerichtete Zugkraft aufzunehmen, und somit durch ihr gesamtes Eigengewicht derselben entgegenwirkten. Dabei waren sie auch noch in ihren Dimensionen bedeutend größer gehalten, so daß auch ihr Eigengewicht im Verhältnis zu den Mauerwerkswiderlagern sehr viel größer war.

Bei der zweiten Reihe wurde der erste Riß bei 4,0 t/lfdm bemerkt (I. R. : 3,6 t/m) genau in der Mitte des rechten Endfeldes; ihm folgten bei den nächsten Belastungsstufen weitere Risse in beiden Endfeldern.

Erst bei 8,3 t/m (I. R. : 8,4 t/m) bildeten sich Risse in der Platte des unbelasteten Mittelfeldes, von denen sich aber einer sehr bald zu erweitern begann. Bei 12,5 t/m wurden die letzten Instrumentenablesungen gemacht.

Der Bruch erfolgte bei 18,7 t/m Belastung derart, daß sich zwei Risse in den Endfeldern stark erweiterten und bis in die Platte hineinreichten, der große Riß 12 führte den Bruch herbei (siehe Fig. 11b).

Auch bei diesen Versuchen geht aus der Betrachtung der Fig. 11b und c hervor, daß die Risse in Feldmitte senkrecht verliefen, während sie nach den Auflagern zu, wo große Schubkräfte wirkten, immer schiefer wurden. Im unbelasteten Mittelfeld, wo das negative Biegungsmoment konstant und demzufolge die Vertikalkraft = 0 war, verliefen die Risse über die ganze Feldweite hin senkrecht. Aus der Rißbildung bei Auflager *B* und *C* geht hervor, daß eine Verschiebung des Momentennullpunktes gegen die Mitte des belasteten Feldes hin erfolgt ist. Wie besonders aus Fig. 11a hervorgeht, waren die Risse im unbelasteten Mittelfeld sehr groß und hätten zweifellos zum Bruch geführt, wenn nicht oben entsprechende Eiseneinlagen vorhanden gewesen wären.

Die Resultate der Messungen sind aus Zusammenstellung III zu ersehen.

Die Messung der Längenänderungen wurde im unbelasteten Mittelfeld vorgenommen, damit mit möglichster Genauigkeit die durch die negativen Momente hervorgerufenen Normalspannungen ermittelt werden könnten. Diese Messungen erfolgten in der Mitte des unbelasteten Feldes bei gleichbleibendem Moment und ergaben nicht nur die Lage der Nullinie, sondern auch die größten Spannungen im Beton und Eisen, welche in der besprochenen Weise aus den Längenänderungen mit Hilfe der Elastizitätsmessungen bestimmt wurden. Bei den Messungen bei Reihe 2 wurden auf der Druckseite des Mittelfeldes an 4 Stellen des Querschnittes Spiegelmessungen vorgenommen, zur genauen Ermittlung der Lage der Nullinie (siehe Fig. 5c).

Zusammenstellung III.

Nr.	Feldbelastung, P einschließl. Ausgangslast (900 kg) und Aufbau (590 kg)	Belastung pro lfd. m	Elastische Verkürzung in der untersten Faser (Balkenmitte)	Druckspannung in der untersten Faser (Balkenmitte)	Elastische Durchbiegungen in Feldmitte des			Neigung der Balkenachse am Auflager			Abstand der Nullinie von Oberkante Balken x
					linken Endfeldes	Mittelfeldes	rechten Feldes	A	B	D	
	kg	kg	$^{1}/_{1000}$ mm/lfdm	kg/qcm	mm	mm	mm	Sek.	Sek.	Sek.	cm
1	2 150	717	5,0	1,5	0,01	0,00	0,00	5,6	1,9	3,9	33,10
2	2 850	950	8,0	2,2	0,02	0,00	0,00	9,7	3,4	7,6	28,20
3	4 200	1 400	10,1	2,9	0,08	0,01	0,02	17,6	8,0	15,2	28,90
4	5 500	1 833	—	—	0,14	0,02	0,07	24,2	12,8	22,5	—
5	6 850	2 283	20	5,7	0,19	0,02	0,12	30,6	16,6	30,1	23,60
6	8 150	2 717	—	—	0,24	0,02	0,15	40,0	22,5	40,8	—
7	9 500	3 167	29,6	8,7	0,28	0,02	0,24	46,8	35,6	48,3	23,20
8	10 800 [1]	3 600	34,9	10,3	0,32	0,03	0,26	55,9	39,5	53,1	22,60
	Bei der zweiten Versuchsreihe ergab sich als Rißlast										
	12 030 [1]	4 010	—	15,6	—	—	—	—	—	—	—
	Als Mittel aus beiden Reihen										
	11 415 [1]	3 805	—	13,0	—	—	—	—	—	—	—
9	12 100	4 033	39,2	11,4	0,39	0,04	0,27	77,7	44,8	60,4	22,10
10	13 400 [2]	4 467	44,7	13,0	0,41	0,04	0,34	88,3	50,2	63,8	21,50
11	14 750	4 917	52,2	—	0,46	0,04	0,40	104,6	56,9	73,7	22,50
12	16 100 [3]	5 367	60,4	17,4	0,58	0,05	0,46	111,0	54,3	81,9	22,10
	20 000	6 667	76,0	21,7	0,73	0,09	0,65	162,9	82,2	136,1	—
13	25 300 [4]	8 433	106,5	30,2	1,09	0,26	1,08	252,0	152,8	231,7	—
14	31 900	10 633	134,5	36,9	1,70	0,62	1,52	—	254,8	—	—
15	38 550	12 850	161,5	44,2	—	1,35	2,45	536,5	342,7	565,3	—
16	45 100	15 033	—	—	—	1,72	2,95	—	—	—	—
Bruch	53 300	17 767	—	76,2	—	—	—	—	—	—	—
	Bei der zweiten Versuchsreihe ergaben sich die Werte										
Bruch	56 210	18 737	—	115,8	—	—	—	—	—	—	—
	Das Mittel aus beiden Reihen ist										
	54 755	18 252	—	96,0	—	—	—	—	—	—	—

NB. Die Spannungen sind für Gesamtbelastung, einschließlich Eigengewicht (d. i. 1115 kg pro Feld) ermittelt.

[1] 1. Riß im Endfeld.

[2] $^{1}/_{4}$ Bruchlast.

[3] $^{1}/_{3}$ Bruchlast.

[4] 1. Riß im Mittelfeld.

Die Messung der Durchbiegungen und der Neigungen der Balkenachse sind in der Zusammenstellung III enthalten und in Fig. 11d dargestellt. Aus den Zusammenstellungen ersieht man, daß die Durchbiegungen in den beiden Endfeldern größer sind als bei dem Träger auf 3 Stützen, aber kleiner als bei 2 Stützen. Die Durchbiegungen im Mittelfeld sind negativ, also nach oben gerichtet, wie zu erwarten war. Im Anfang sind sie sehr klein, beim Auftreten der Risse im Mittelfeld werden sie aber plötzlich größer. Vor dem Bruche bei einer Belastung von 15 t/lfdm betragen die Zahlenwerte für die Durchbiegungen im Mittelfelde nach oben etwas mehr als die Hälfte der Durchbiegungen in den äußeren Feldern. Ermittelt man nach dem früher Gesagten das Moment m_1 an der Bruchstelle, welche aus Fig. 11b direkt abgelesen

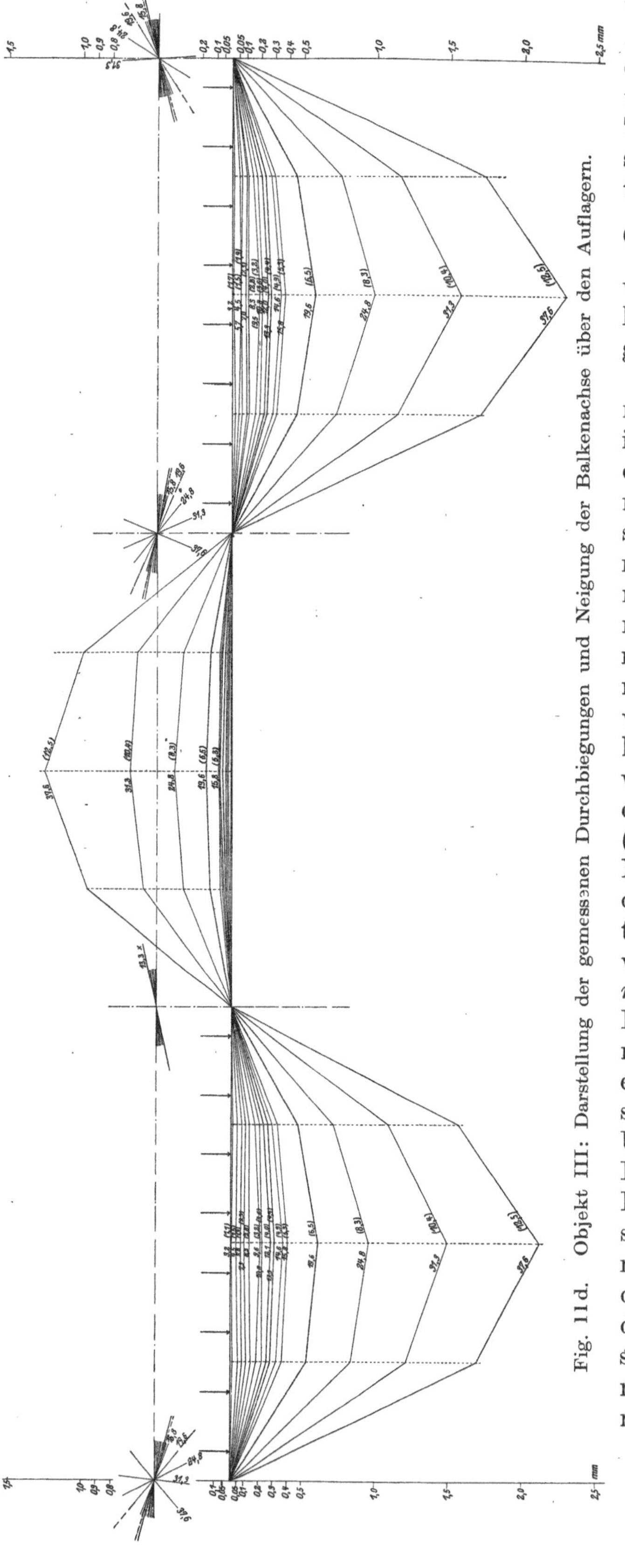

Fig. 11d. Objekt III: Darstellung der gemessenen Durchbiegungen und Neigung der Balkenachse über den Auflagern.

werden kann (1,2 m vom Auflager A entfernt), so ergibt sich, wenn für m_I unter den bereits bei dem Träger auf 2 Stützen besprochenen Annahmen 18,4 tm ermittelt wird, aus der Gleichung $\frac{Q\,l}{\alpha} = m_1$ $\alpha = 9{,}0$, wobei $Q = 55{,}35$ t (Bruchlast einschließlich Eigengewicht) eingesetzt wurde.

Es war beabsichtigt, mit Hilfe der Messungen im unbelasteten Feld die dort auftretenden größten negativen Momente zu bestimmen, dies war jedoch nur bis etwa $^1/_3$ der Bruchlast möglich, da die Messungen nur soweit geführt wurden; nachher mußten die Apparate abgenommen werden, weil keine genauen Ablesungen mehr möglich waren. Es soll aber für die Belastung $P = 16{,}1$ t (5,4 t/lfdm) die Lage der Nullinie und die entsprechenden Spannungen im Beton und im Eisen angegeben werden, ebenso das Moment m der inneren Kräfte. Die Lage der Nullinie ergab sich mit 27,9 cm von Unterkante entfernt; die größte Druckspannung im Beton in der Unterkante mit 17,4 kg/qcm. Da noch keine Risse in der Platte vorhanden waren, sind die ermittelten Spannungen in den oberen Eisen ohne Belang. Das Moment der inneren Kräfte ergibt sich nach der bereits mehrmals angewendeten Methode mit $m_2 = -2387$ kgm.

Objekt IIIa, T-Träger über 3 Felder, in fester Verbindung mit den Stützen.

	I. Versuchsreihe:	II. Versuchsreihe:
Tag der Herstellung:	19.—22. Juli	11. Oktober
Tag der Prüfung:	13. September	30. November
Alter in Tagen:	53	50
Bruchlast in t/lfdm:	24,64	26,44

Objekt IIIa stellte ein Bauwerk dar, wie es häufig im Eisenbetonbau vorkommt, einen Träger über 3 Feldern in fester Verbindung mit den Stützen in einem Abstand von je 3,0 m zwischen Stützenmitten. Die Eckverbindungen waren jedoch nicht in der sonst bei Rahmen üblichen Weise armiert, sondern es gingen bloß die Längseisen der Stütze bis in den Balken geradlinig durch, so daß die Ecke nicht als vollkommen steif anzusehen ist (siehe Fig. 3a). Die Balken waren in durchaus ähnlicher Weise ausgebildet wie bei Objekt III. Nach unten waren die 3,50 m hohen Stützen in einer der ganzen Länge nach auf dem Boden aufruhenden Rippenplatte eingespannt. Die ganze Konstruktion war, wie aus Fig. 3a hervorgeht, doppelt ausgebildet, symmetrisch zu einer Mittelebene in der Längsrichtung, um eine größere Quersteifigkeit zu erzielen und ein Ausknicken der Stützen nach der Querrichtung zu verhüten.

Die Belastung war wie bei Objekt III, nur über die beiden Endfelder. Beobachtet wurden:

Die Längenänderungen im Mittelfeld mittels Spiegelapparate.

Die Durchbiegungen der Balken und Stützen mittels Zeiger- und Schieberapparate (siehe Fig. 12a).

Die Neigung der Biegungslinie sowohl der Balken wie der Stützen mittels Libellen (siehe Fig. 12a).

Im übrigen geht die Anordnung der Feinmeßapparate aus Fig. 5d und 12a hervor; bei der 2. Reihe wurden zur Messung der seitlichen Ausbiegungen der Stützen nur Zeiger- und Schieberapparate verwendet und nicht wie bei Reihe 1 auch Spiegelapparate (siehe Fig. 12a). Es wäre wünschenswert gewesen, noch mehr Durchbiegungsmesser am unteren Ende der Säulen anzubringen, um vor allem auch den Wendepunkt der Biegungslinie derselben genau festzustellen. Leider konnte das nicht ermöglicht werden, weil das Ablesen an den Zeigerapparaten wegen der Höhe der Säule sehr schwierig war.

Bei der zweiten Versuchsreihe wurde in Stufen von 0,8 t/lfdm belastet. Bei einer Last von 6,8 t/m erschienen die drei ersten Risse ungefähr in der Mitte des linken Endfeldes I, denen bei der nächsten Laststufe Risse im rechten Feld folgten. Vergleicht man diese Rißlast mit derjenigen für den Balken auf 4 Stützen mit freier Auflagerung (3,8 t/m im Mittel), so ergibt sich, daß sie beim Objekt IIIa viel höher ist, was auf die durch die teilweise Einspannung des Balkens an den Stützen hervorgerufenen kleineren Feldmomente zurückzuführen ist. Aus dem gleichen Grunde entstanden die ersten Risse im Mittelfeld infolge der negativen Momente erst bei einer Belastung von 16,2 t/m (Objekt III: 8,4 t/m; siehe Fig. 12c und d). Bei der folgenden Laststufe von 20,6 t/m wurden übereinstimmend an den Außenseiten der beiden Endstützen je zwei Risse entdeckt, und zwar der eine genau in der Höhe, wo die Verstärkung der Stütze durch die Voute aufhörte, der andere etwa 10 cm darunter. Sie reichten ungefähr bis zur Mittellinie der Stütze.

Fig. 12a. Objekt IIIa: Träger mit 4 Eisenbetonstützen fest verbunden. Anordnung der Belastungsvorrichtung und der Meßapparate.

Fig. 12b. Objekt IIIa: Träger mit 4 Eisenbetonstützen fest verbunden. Bruchbild mit einer Darstellung der Rißbildung.

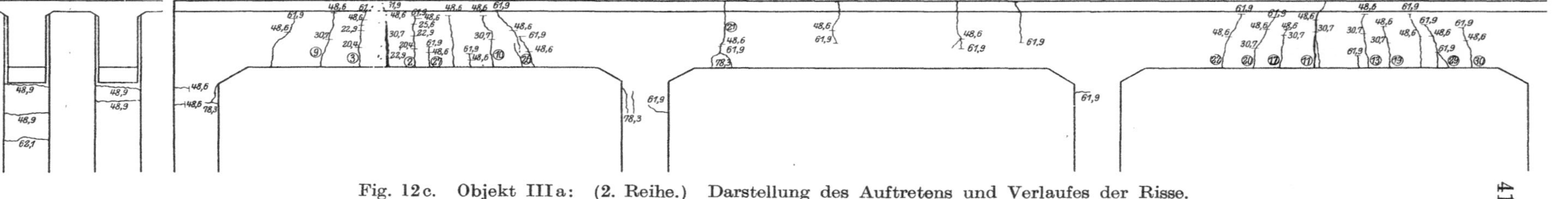

Fig. 12c. Objekt IIIa: (2. Reihe.) Darstellung des Auftretens und Verlaufes der Risse.

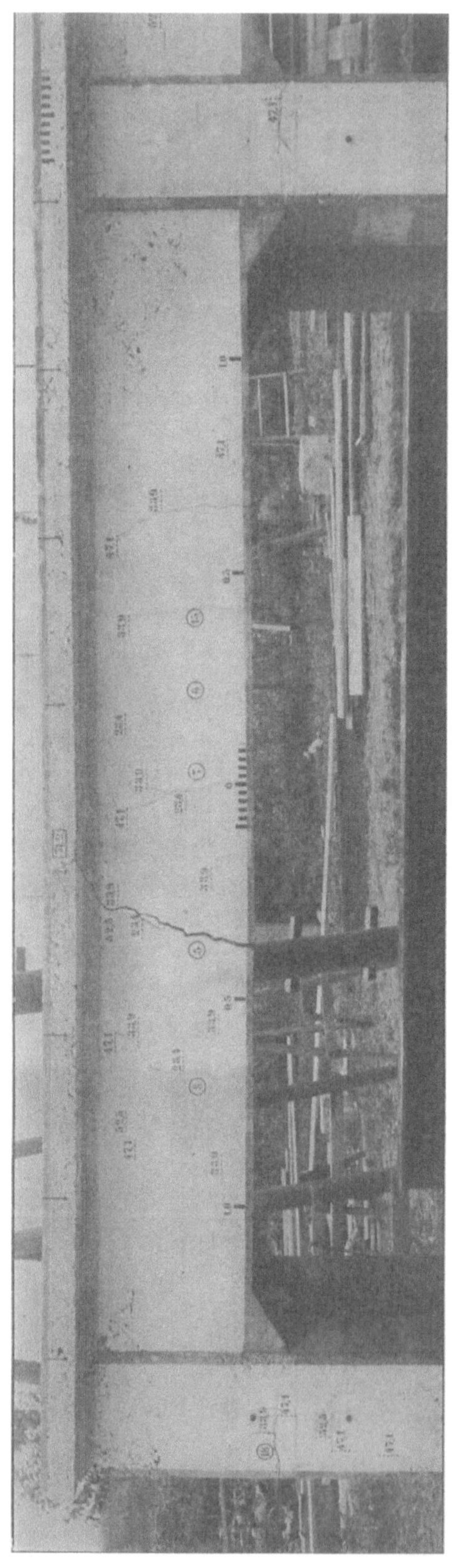

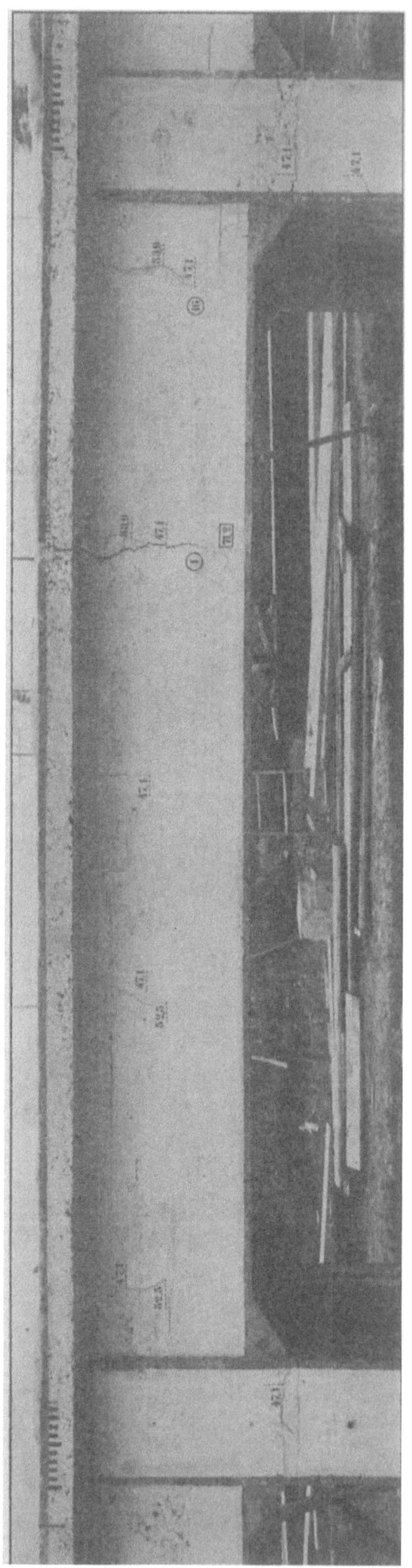

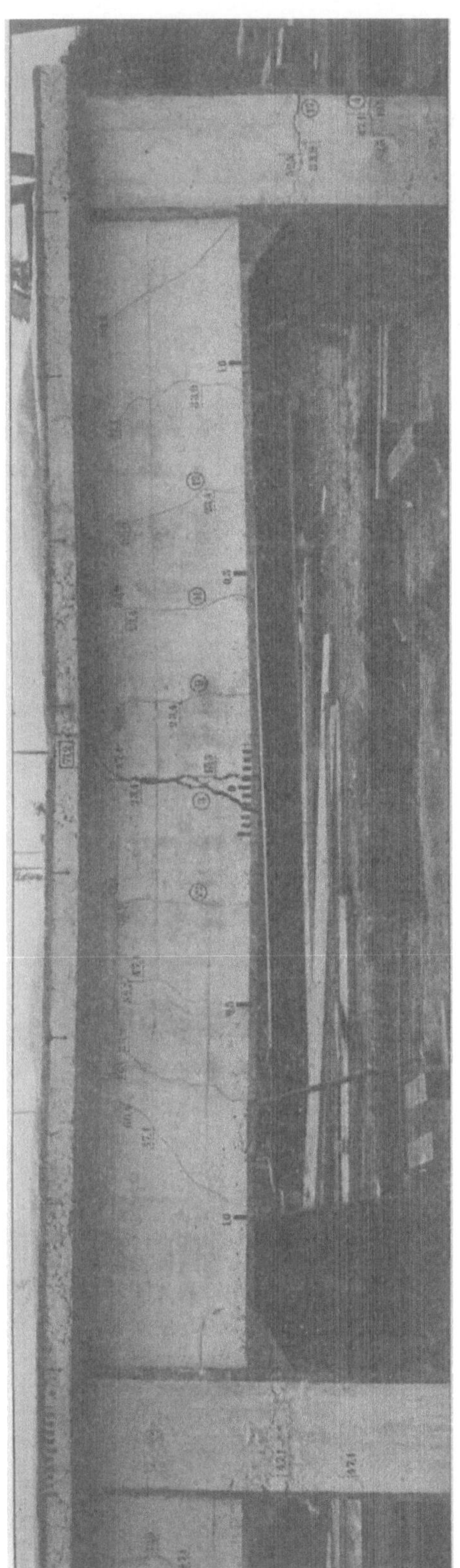

Fig. 12d. Objekt IIIa: (1. Reihe.) Vergrößerte Aufnahme von der Riß- und Bruchbildung.

Bei der nächsten Stufe von 24,8 t/m bildeten sich auch Risse an den Mittelstützen, und zwar auf der dem Mittelfeld zugekehrten Seite (der Zugseite der auf Biegung beanspruchten Stützen) etwas unterhalb der Voute. Es wurden nunmehr die Apparate abgenommen.

Der **Bruch** erfolgte bei 26,1 t/lfdm derart, daß sich Riß Nr. 6 in Mitte des linken Endfeldes (siehe Fig. 12c) stark zu erweitern begann, während das rechte Endfeld hierin zurückblieb. An den Stützen des linken Endfeldes I zeigten sich beim Bruch (siehe Fig. 12c) an der Innenseite in der Druckzone, in gleicher Höhe, in welcher schon früher Zugrisse bemerkt worden waren, Kantenrisse, Abstand von 4—8 cm von derselben verlaufende Risse, die auf eine Zerstörung des Betons zurückzuführen sind. Ein nachträgliches Absuchen des Fußes der Stützen nach Rissen ergab, daß sich an den Innenflächen beider Endstützen in Höhe des Voutenansatzes je ein kleiner Riß infolge des Einspannungsmomentes gebildet hatte. An den Mittelstützen wurden unten keine Risse bemerkt, doch ist damit noch nicht gesagt, daß sich dort überhaupt keine gebildet hatten, da das Absuchen in unbelastetem Zustande vorgenommen wurde, bei welchem sich schon vorhandene Risse vielfach wieder schließen.

Bei der **ersten Versuchsreihe** betrugen die Laststufen 0,9 t/lfdm. Der erste Riß entstand unerwarteterweise in der Platte im Mittelfeld bei einer Belastung von 4,8 t/lfdm (siehe Fig. 12d), während bei 5,7 t/m der erste Riß in der Mitte des rechten Endfeldes, sowie in der angrenzenden Endstütze beobachtet wurde. Es folgten dann weitere Risse in beiden Endfeldern. Dabei

Zusammenstellung IIIa.

Nr.	Feldbelastung P pro Balken einschl. Ausgangslast (3000 kg) und Aufbau (900 kg)	Belastung pro lfdm	Elastische Verkürzung in der untersten Faser in Feldmitte	Druckspannung in der σ_{bd} untersten Faser in Feldmitte	Libellenablesungen						Elastische Durchbiegungen des Balkens in Feldmitte des		
					Libelle 1	Libelle 2	Libelle 3	Libelle 4	Libelle 5	Libelle 6	linken Endfeldes	Mittelfeldes	rechten Endfeldes
	kg	kg	$^1/_{1000}$ mm/lfdm	kg/qcm	Sekunden	Sekunden	Sekunden	Sekunden	Sekunden	Sekunden	mm	mm	mm
1	5 400	1 800	15,3	4,2	19,0	9,9	6,3	6,6	6,1	5,0	0,03	0,00	0,05
2	7 925	2 642	23,0	6,4	9,9	18,1	11,5	14,6	12,9	9,4	0,00	0,00	0,09
3	10 350	3 450	28,5	7,9	43,7	12,8	17,8	22,5	19,3	18,4	0,08	0,00	0,14
4	12 850	4 283	36,5	10,2	42,7	43,7	24,6	26,7	26,9	18,5	0,16	0,00	0,18
5	15 350	5 117	42,5	11,6	59,8	53,1	30,9	29,1	34,5	22,7	0,23	0,00	0,22
6	17 900 [1]	5 967	49,5	13,6	77,3	62,1	37,1	38,4	34,0	21,3	0,36	0,00	0,27
7	20 425 [2]	6 808	56,0	15,1	98,6	75,3	46,7	47,0	46,9	32,8	0,41	0,00	0,30
	Bei der ersten Versuchsreihe war die Rißlast												
	14 365 [1]	4 788	—	—	—	—	—	—	—	—	—	—	—
	Das Mittel aus beiden Reihen ist												
	17 395 [1]	5 798	—	—	—	—	—	—	—	—	—	—	—
8	22 950	7 650	62,0	16,9	96,5	90,4	56,2	54,7	—	38,0	0,54	0,00	0,35
9	25 575 [3]	8 525	71,0	19,4	137,5	106,6	66,1	67,0	61,5	39,9	0,66	0,02	0,39
10	30 675	10 225	84,5	23,2	152,3	137,2	81,2	94,0	82,8	47,0	0,92	0,01	0,56
11	38 375	12 792	114,5	30,7	167,0	148,1	83,0	98,5	94,4	60,0	0,97	— 0,05	0,94
12	48 650	16 217	153,5	40,7	257,0	220,7	108,8	153,5	170,5	74,1	1,61	— 0,19	1,51
13	61 875	20 625	208,5	54,1	372,8	368,0	156,8	243,5	287,3	160,9	2,44	— 0,69	2,29
14	74 325	24 775	233,5	60,1	537,0	499,3	209,4	349,6	426,6	205,5	3,28	— 1,10	3,20
Bruch	78 350	26 117	—	—	—	—	—	—	—	—	—	—	—
	Bei der ersten Versuchsreihe war die Bruchlast												
Bruch	72 765	24 255	—	—	—	—	—	—	—	—	—	—	—
	Das Mittel aus beiden Reihen ist												
	75 560	**25 184**	—	—	—	—	—	—	—	—	—	—	—

Die Spannungen sind für Gesamtbelastung, einschl. Eigengewicht ermittelt.

---

[1] 1. Riß.
[2] $^1/_4$ Bruchlast.
[3] $^1/_3$ Bruchlast.

zeigte sich, durchaus im Einklang mit dem Verlauf der Momentenlinie, daß sich die Risse mehr nach den Endstützen zu konzentrierten, wo ja auch die Biegungsmomente am größten waren. Die Instrumentenablesungen wurden bis zu einer Belastung von 11,8 t/m fortgesetzt.

Bei 16,2 t/m öffneten sich zwei Risse in den Endfeldern stark, die Risse an den Stützen gingen vollständig durch. Der Bruch erfolgte bei 24,3 t/m; die beiden Risse in den Endfeldern reichten hierbei bis in die Platte. In der linken Hälfte des Mittelfeldes hatte sich ein Riß gebildet, der bis weit hinunter reichte und sich mehrfach verästelte (siehe Fig. 12c). Auffallend ist nicht nur die bei Objekt III schon hervorgehobene Verschiebung der Momentennullpunkte in den Endfeldern gegen die Endstütze zu, sondern auch das Auftreten einer größeren Anzahl schiefer Risse (siehe Fig. 12d unten), was auf die größeren Querkräfte zurückgeführt werden kann.

Fig. 12e. Objekt IIIa: Abbildung der in den Stützen auftretenden Risse.

Die Messungsergebnisse sind aus Zusammenstellung IIIa zu ersehen, dort sind auch die elastischen Durchbiegungen und die Libellenablesungen eingetragen, welche auch in Fig. 12f zeichnerisch dargestellt sind.

Bei einem Bruchmoment der inneren Kräfte (wie bei Objekt III) $m_I = 18{,}4\,\text{tm}$ ergibt sich, wenn für die Bruchlast $Q = P + G = 72\,765\,\text{kg}$ (im Mittel aus zwei Versuchen) $+ 1120 = 73{,}885\,\text{t}$ eingesetzt wird, aus der Gleichung

$$m_I = \frac{Q\,l}{\alpha}; \quad \alpha = \frac{73{,}885 \cdot 3}{18{,}4} \doteq 12 .$$

Vergleicht man die Werte der gemessenen Durchbiegungen mit denjenigen bei Objekt III, so wird man finden, daß die absoluten Zahlenwerte kleiner sind, was auf eine starke Einspannung schließen läßt. Die Zahlenwerte der Durchbiegungen des unbelasteten, mittleren Feldes sind in der Nähe der Bruchlasten etwa $^1/_3$ der positiven, nach unten gerichteten Durchbiegungen der belasteten äußeren Felder.

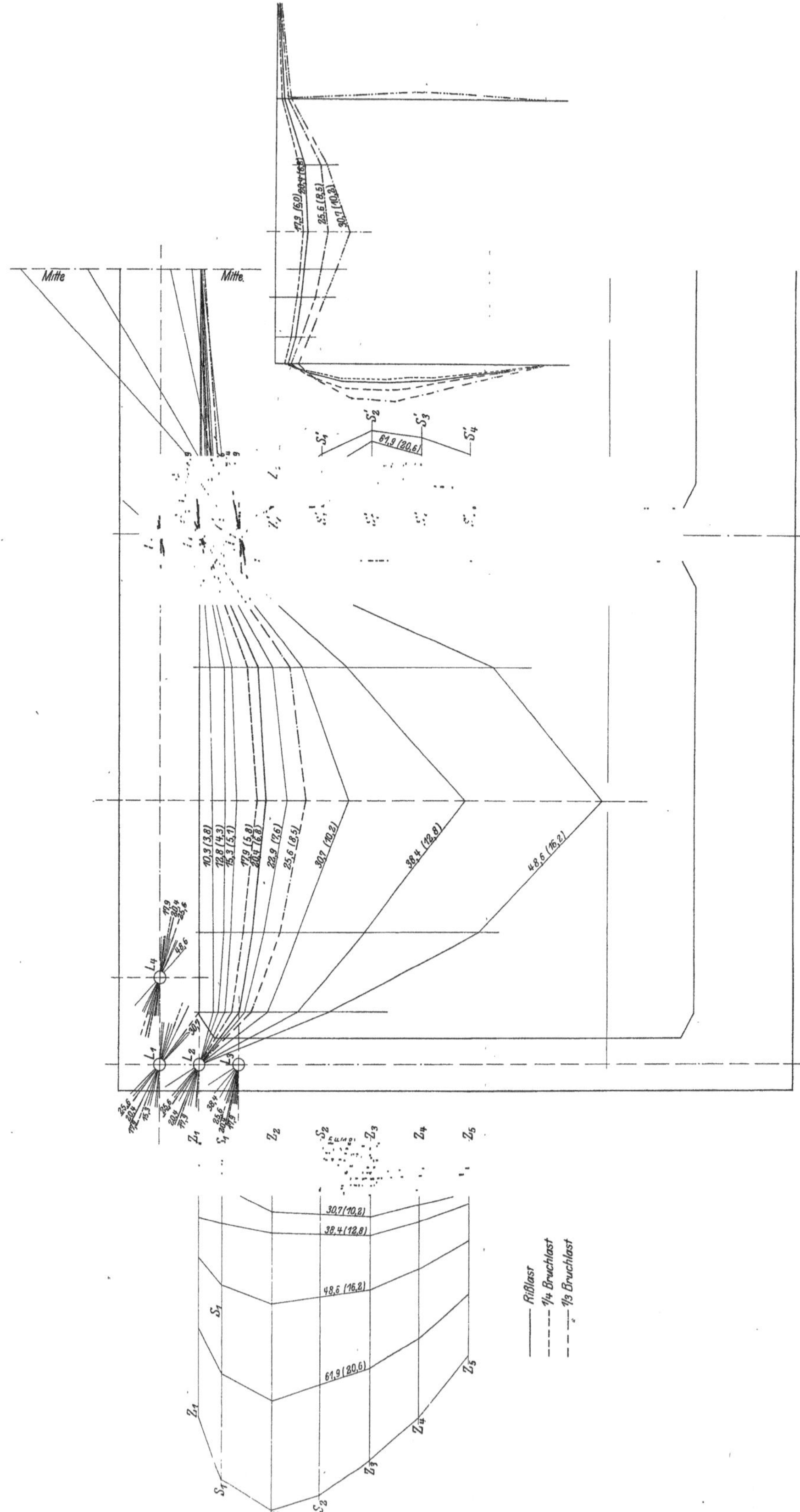

Fig. 12f. Objekt IIIa: Darstellung der gemessenen Durchbiegungen, der Neigung der Balkenachse und der Ausbauchung der Stützen.

Die Libellen wurden bei Objekt IIIa nicht nur zur Ermittlung der Neigung der Balkenachse verwendet, wie bei den früheren Objekten, sondern auch zur Bestimmung der Neigung des Krümmungsradius der ausgebauchten Stützen. Letzteres wurde mit Hilfe der Libellen L_2 L_3 L_6 L_7 vorgenommen und lieferte gleichzeitig eine Kontrolle, nach welcher Richtung die Durchbiegung der Stützen erfolgte.

Aus den Libellenablesungen läßt sich vorerst entnehmen, daß die Neigung der Balkenachse bei der gleichen Belastung hier schwächer ist, wie bei Objekt III, was gleichfalls auf einen höheren Grad von Einspannung schließen läßt. Vergleicht man ferner die Ablesungen der Libelle L_1 über der äußeren Stütze mit denjenigen der Libelle L_4 über der zweiten Stütze, so sieht man, daß die gemessenen Neigungen hier kleiner sind wie bei der ersteren. Die anderen Libellenablesungen entsprechen den Krümmungen der ausgebauchten Stützen (siehe Fig. 12f).

Objekt IV, T-Träger über 5 ungleichen Feldern, frei beweglich gelagert.

	I. Versuchsreihe:	II. Versuchsreihe:
Tag der Herstellung:	18. Juli	9. Oktober
Tag der Prüfung:	2. September	23. November
Alter in Tagen:	46	45
Bruchlast in t/lfdm:	13,44	17,54

Objekt IV stellt einen Plattenbalken auf 6 Stützen dar. Bei den 5 Feldern betrugen die Spannweiten im Mittelfeld 4,0 m, in den Endfeldern 3,0 m, in den beiden übrigen Feldern 2,5 m. Der Querschnitt war der gleiche wie bei dem ersten Objekt.

Es wurden nur die beiden äußeren sowie das Mittelfeld belastet, und zwar derart, daß sich in den ungleich großen Feldern doch die gleiche Belastung pro lfd. Meter ergab; es sollte der Einfluß derselben auf die in den unbelasteten Feldern entstehenden negativen Biegungsmomente und die Bruchursachen geklärt werden. Es wurde in annähernd gleichen Laststufen vorgegangen.

Beobachtet wurden:

Die Durchbiegungen des Balkens sowie die Einsenkungen der Auflager mittels Zeigerapparate.

Die Längenänderungen des Betons im Mittelfelde III mittels Spiegelapparate.

Die Neigung der Balkenachse an den Auflagern mittels Libellen.

Bei Reihe II ging die Bildung der Risse in durchaus normaler Weise vor sich. Der erste Riß entstand im Mittelfeld etwa 30 cm seitlich von Feldmitte bei einer Belastung von 4,6 t/lfdm, dem bei den nächsten Laststufen weitere Risse folgten, so daß sie schließlich sehr gleichmäßig über die ganze Feldweite verteilt waren (siehe Fig. 13a und b).

Die ersten Risse in den Endfeldern entstanden bei 6,8 t/m Belastung, und zwar mehrere zugleich in der Nähe der Feldmitte. Gleichzeitig wurden auch die ersten Risse in der Platte infolge der negativen Momente beobachtet, und zwar in den unbelasteten Feldern in der Nähe der Auflager des Mittelfeldes. Der Verlauf der Risse in den unbelasteten Feldern zeigt mit zunehmender Belastung eine Verlängerung und Erweiterung der Risse (siehe Riß 16, Fig. 13c) entsprechend den größeren negativen Momenten

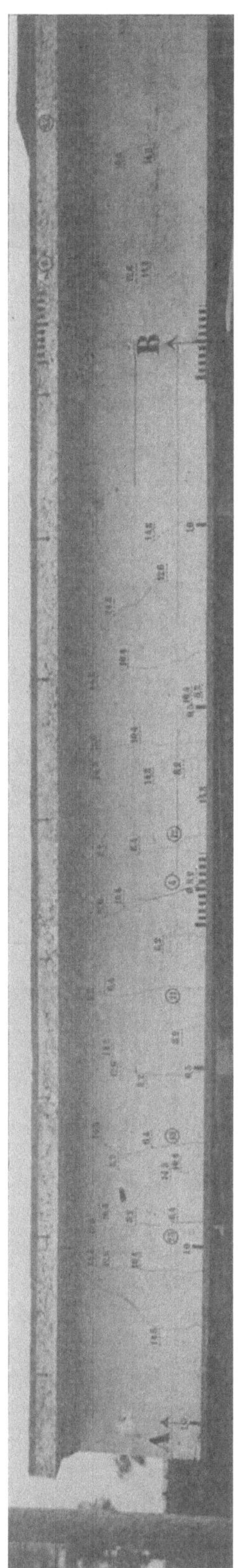

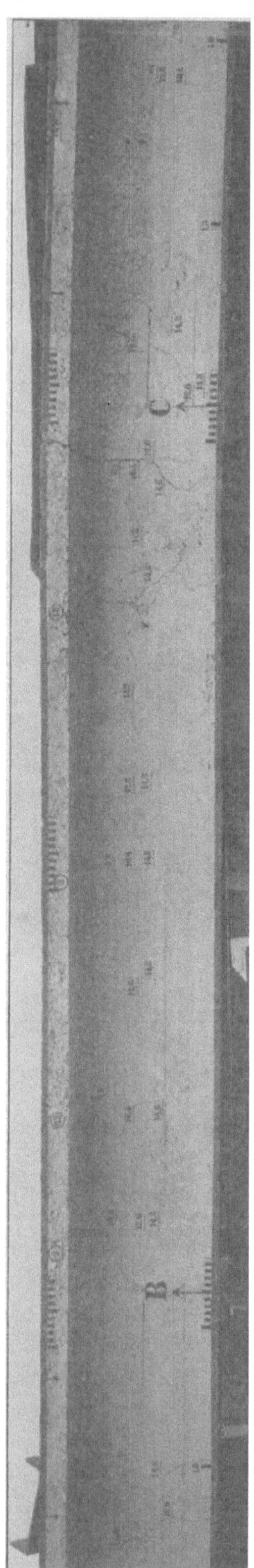

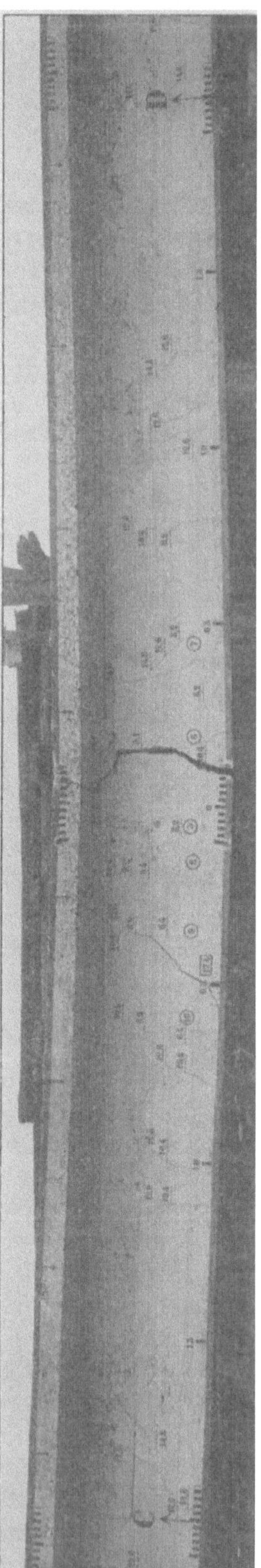

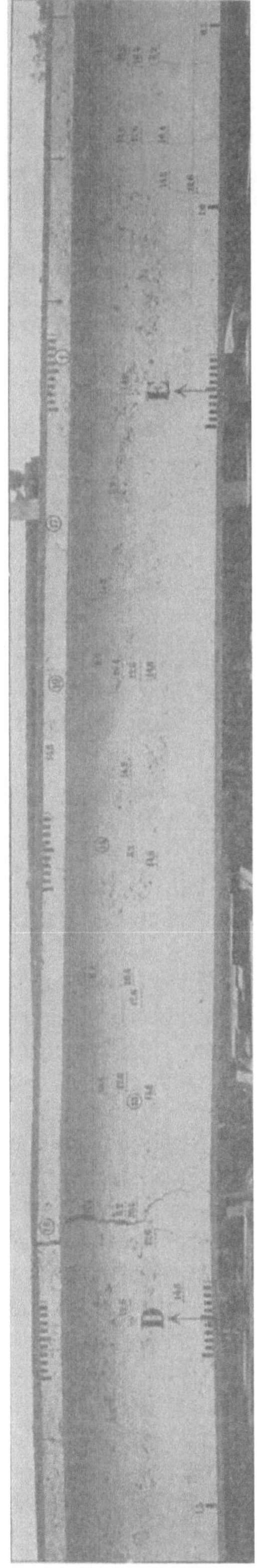

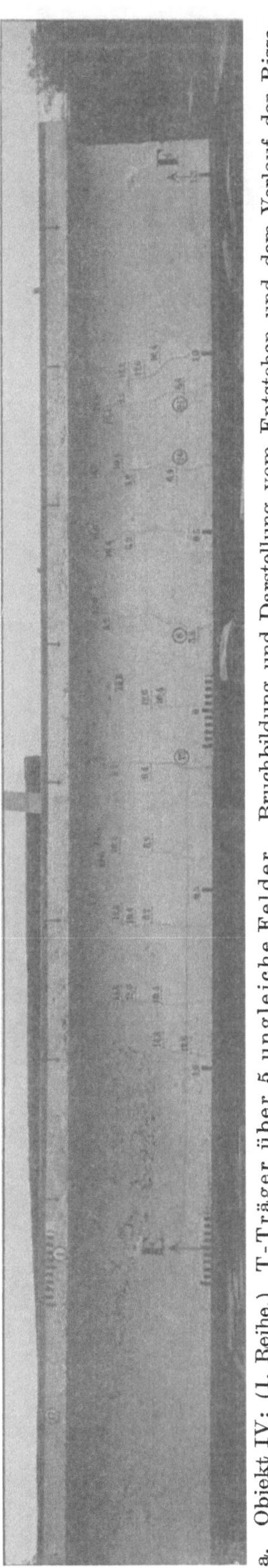

Fig. 13a. Objekt IV: (1. Reihe.) T-Träger über 5 ungleiche Felder. Bruchbildung und Darstellung vom Entstehen und dem Verlauf der Risse.

nach der Berechnung für durchlaufende Träger. Diese Wirkung der Kontinuität kommt aber besonders in Fig. 14 zum Ausdruck, welche eine Aufnahme nach vollendetem Versuch darstellt; sie läßt mit freiem Auge den Verlauf der Durchbiegungen verfolgen. Schiefe Risse wurden erst bei einer Belastung von 15,1 t/m bemerkt im Mittelfeld in der Nähe der Auflager. Sie verliefen annähernd unter 45°, nahezu senkrecht zu den hier hochgezogenen Eiseneinlagen und verzweigten sich oft. Sie klafften am meisten in der Nähe der Nullinie und verengten sich dann allmählich nach beiden Seiten. Vielfach wurde auch beobachtet, daß anfängliche Schubrisse nach der Unter- bzw. Oberkante des Balkens zu in Zugrisse übergingen und infolgedessen ihre Richtung änderten. Im übrigen geben die Fig. 13c—e über die weiteren Risse Aufschluß. Bei Betrachtung der Figur fällt auf, daß, während in Feldmitte die Risse senkrecht verlaufen, sie nach den Auflagern zu immer schiefer werden. Auffallend war ferner auch hier, daß fast alle Risse an Stellen entstanden, wo Bügeleinlagen vorhanden waren.

Bei Reihe I wurde der erste Riß ganz abweichend von Reihe II beobachtet bei einer Belastung von 2,3 t/lfdm über dem Auflager *E* (dem zweiten, vom rechten Balkenende an gerechnet) in der Platte; bei der nächsten Belastungsstufe folgte ihm ein ähnlicher Riß über dem Auflager *B*, dem zweiten vom Endauflager. Bei 4,1 t/lfdm wurde hier der erste Riß im unbelasteten Mittelfeld beobachtet, was der Rißlast der zweiten Reihe sehr gut entspricht. Dieses frühzeitige Auftreten der Risse über den Auflagern läßt sich aus einer Einsenkung der benachbarten Auflager erklären. Es wurde ferner beobachtet, daß beim Entstehen der ersten Risse im Mittelfeld sich die Risse über den Auflagern wieder nahezu schlossen.

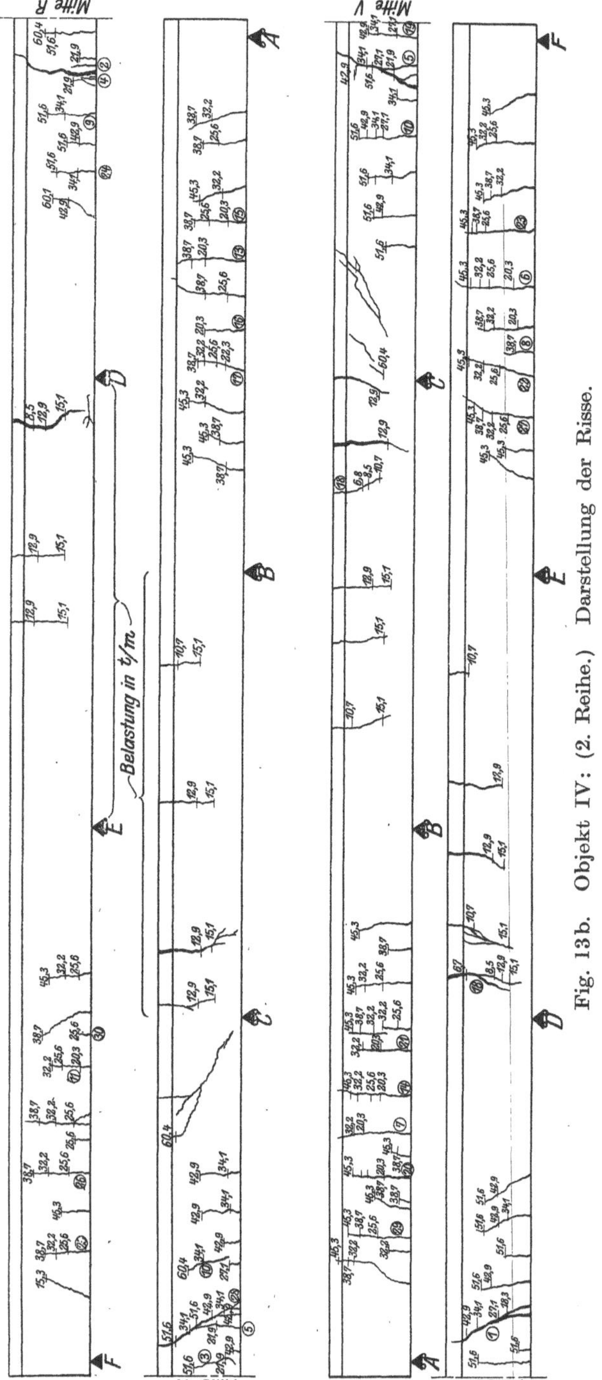

Fig. 13b. Objekt IV: (2. Reihe.) Darstellung der Risse.

Die ersten Risse in den Endfeldern wurden festgestellt bei 6,7 t/lfdm (Reihe II bei 6,8 t/lfdm). Auch hier entstand ein schiefer Riß im Mittelfeld in der Nähe der Auflager bei 12,8 t/lfdm Belastung.

Der Bruch bei Reihe I erfolgte derart, daß Riß Nr. 6 in Mitte Mittelfeld zu klaffen begann und gleichzeitig zwei in den unbelasteten Feldern in der Nähe der Mittelauflager gelegene Risse in der Platte sich stark erweiterten. Bei Reihe II ging der Bruch in ähnlicher Weise vor sich, nur daß sich im Mittelfeld statt des einen zwei klaffende Risse gebildet hatten, die vollkommen symmetrisch zur Mittellinie gelegen waren und auch symmetrisch mit einer konkaven Neigung zueinander verliefen. Überhaupt ist, wie aus Figur 13a zu ersehen, das vollkommen symmetrische Verhalten der beiden Balkenhälften in bezug auf die Rißbildung bemerkenswert.

Die Bruchlast betrug bei Reihe I 13,1 t/lfdm, bei Reihe II 17,2 t/lfdm.

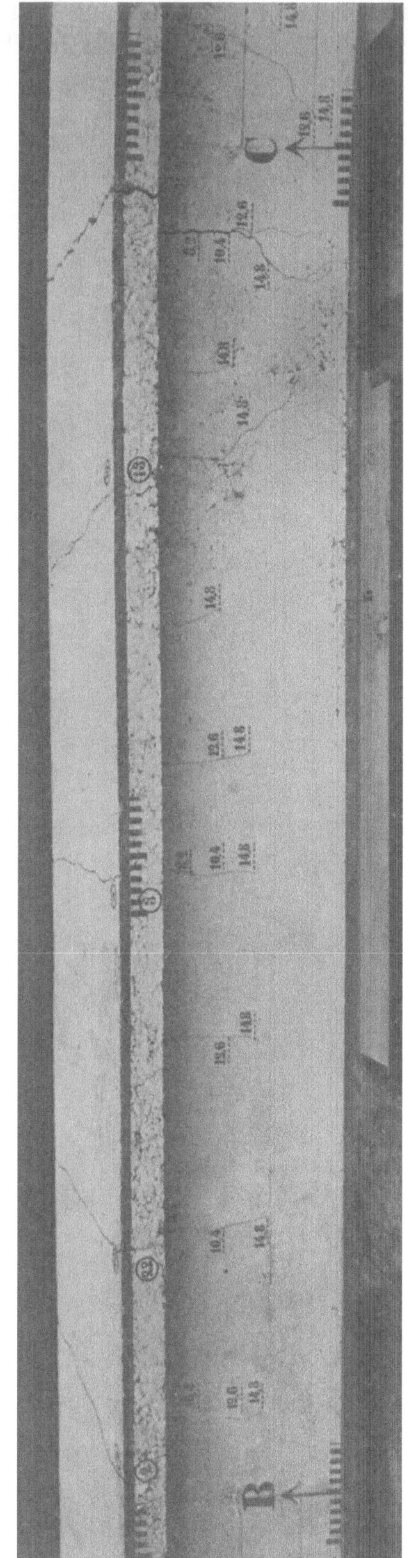

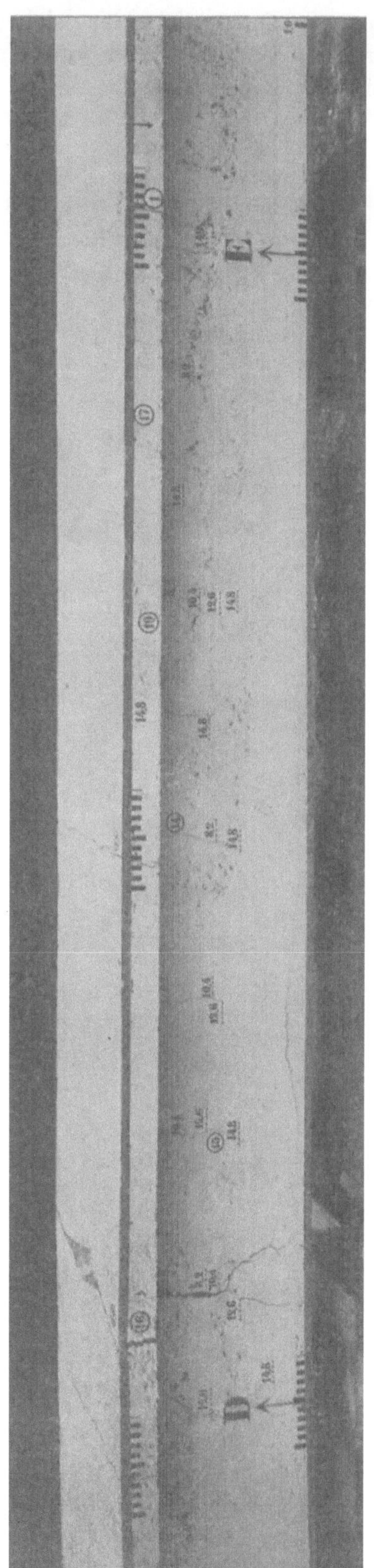

Fig. 13c. Objekt IV: Vergrößerte Aufnahme von der Rißbildung in den unbelasteten Feldern.

Die große Differenz erklärt sich daraus, daß bei der ersten Reihe der Verlauf des Versuchs durch die Nachgiebigkeit der Mauerwerkspfeiler stark beeinflußt wurde.

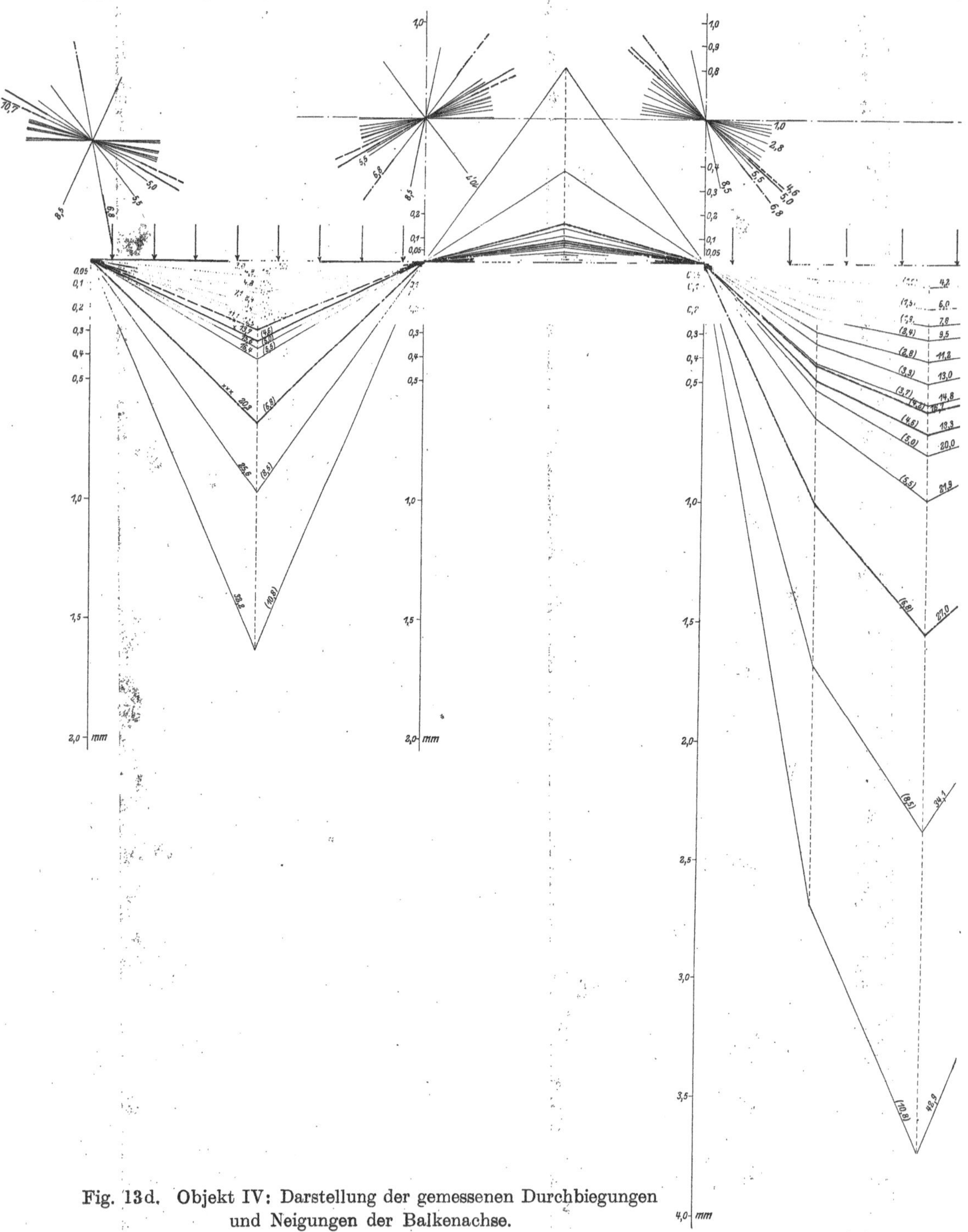

Fig. 13d. Objekt IV: Darstellung der gemessenen Durchbiegungen und Neigungen der Balkenachse.

Die Resultate der vorgenommenen Messungen sind aus Zusammenstellung IV zu ersehen. Die hier eingetragenen elastischen Durchbiegungen und Libellenablesungen sind in Fig. 13d dargestellt. Sie zeigen die bereits

Fig. 14. Objekt IV: T-Träger über 5 ungleiche Felder. Aufnahme nach Beendigung der Messungen, vor Eintreten des Bruches.

Zusammenstellung IV.

Nr.	Feldbelastung einschl. Ausgangslast (1200 bzw. 900 kg) und Aufbau (1200 bzw. 900 kg) im Mittelfeld bzw. Endfeld P	Belastung pro lfdm	Elastische Verkürzung in der obersten Faser (Balkenmitte)	Druckspannung σ_{bd} in der obersten Faser (Balkenmitte, Feld III)	Zugspannung σ_{bz} in der untersten Faser (Balkenmitte)	Eisenspannung σ_e aus den Diagrammen abgeleitet	Abstand der Nullinie von Oberkante Balken	Neigung der Balkenachse						Elastische Durchbiegungen in der Mitte des				
								Auflager A	Auflager B	Auflager C	Auflager D	Auflager E	Auflager F	linken Endfeldes	linken unbelasteten Feldes	Mittelfeldes	rechten unbelasteten Feldes	rechten Feldes
	kg	kg	$^1/_{1000}$ mm	kg/qcm	kg/qcm	kg/qcm	cm	Sek.	Sek.	Sek.	Sek.	Sek.	Sek.	mm	mm	mm	mm	mm
1	3 333 bzw. 2 500	833	24,7	7,1	10,8	—	20,8	2,1	2,3	4,8	3,8	2,6	3,4	0,01	— 0,01	0,05	0,00	0,02
2	4 200 „ 3 150	1 050	27,7	8,0	12,7	—	20,8	2,5	1,7	8,8	7,5	4,0	6,3	0,01	— 0,01	0,10	0,00	0,03
3	5 960 „ 4 470	1 490	35,2	10,0	14,9	—	24,0	17,1	12,0	16,8	14,3	9,0	13,8	0,07	— 0,02	0,19	0,00	0,08
4	7 760 „ 5 820	1 940	46,7	13,2	18,0	—	23,4	25,8	18,1	23,3	19,3	14,1	28,2	0,12	— 0,03	0,26	0,01	0,11
5	9 468 „ 7 101	2 367	50,5	14,3	22,1	—	23,4	24,9	24,0	30,6	25,4	18,8	34,0	0,14	— 0,04	0,32	0,00	0,15
6	11 240 „ 8 430	2 810	60,5	17,3	25,9	—	23,4	18,3	30,5	36,6	37,2	21,4	34,2	0,19	— 0,06	0,41	— 0,01	0,19
7	13 080 „ 9 810	3 270	68,8	19,0	28,0	—	23,4	27,0	30,2	45,1	49,8	25,9	35,1	0,23	— 0,07	0,50	— 0,02	0,22
8	14 820 „ 11 115	3 705	80,0	22,3	—	—	22,4	50,6	36,9	52,8	59,0	28,9	43,1	0,25	— 0,08	0,59	— 0,02	0,25
9	16 040[1]) „ 12 030	4 010	83,2	23,4	—	—	21,8	62,7	42,8	61,8	63,7	35,2	51,2	0,29	— 0,09	0,62	— 0,03	0,29
10	18 266[2]) „ 13 700	4 567	94,1	26,1	—	802	22,2	?	49,0	—	—	41,9	56,9	0,34	— 0,11	0,71	— 0,04	0,32
	Bei der ersten Versuchsreihe war die Rißlast																	
	9 530[1]) bzw. 6 840	2 280	—	—	—	—	—	—	—	—	—	—	—	—	—	—	—	—
11	20 080 „ 15 060	5 020	106,8	29,3	—	887	22,0	—	53,4	—	—	46,5	63,1	0,37	— 0,11	0,80	— 0,05	0,37
12	21 866 „ 16 400	5 467	128	34,6	—	1060	18,6	90,2	59,4	—	—	51,0	71,2	0,42	— 0,14	0,99	— 0,07	0,42
13	27 066[3]) „ 20 300	6 767	169	44,6	—	1530	16,8	140,8	92,0	—	—	88,0	116,2	0,68	— 0,16	1,55	— 0,12	0,60
14	34 133 „ 25 600	8 533	221	57,6	—	1740	15,0	204,2	139,6	—	—	122,0	183,0	0,97	— 0,38	2,37	— 0,27	0,97
15	42 933 „ 32 200	10 733	313	79,3	—	2460	13,2	364,8	232,3	—	—	224,0	305,0	1,63	— 0,81	3,72	— 0,71	1,55
Bruch	68 800 „ 52 000	17 270	—	140,0	—	—	—	—	—	—	—	—	—	—	—	—	—	—
	Bei der ersten Versuchsreihe war die Bruchlast																	
Bruch	**51 720** bzw. 40 100	**13 367**	—	131,2	—	—	—	—	—	—	—	—	—	—	—	—	—	—
	Das Mittel aus beiden Reihen ist																	
	60 260 bzw. 46 050	**15 350**	—	135,6	—	—	—	—	—	—	—	—	—	—	—	—	—	—

Die Spannungen sind für Gesamtbelastung einschl. Eigengewicht ermittelt; die Ablesungen an den Libellen A und F sind nicht verläßlich.

[1]) 1 Riß.
[2]) $^1/_4$ Bruchlast.
[3]) $^1/_3$ Bruchlast.

erwähnten Erscheinungen. Aus den Elastizitätsmessungen folgt, daß die höchste gemessene Zugspannung im Beton 28,0 kg/qcm betrug. Sie ergab sich bei einer Belastung von 3,3 t/m.

Beim Bruch ergaben sich im Beton Druckspannungen von 135,6 kg/qcm (im Mittel aus beiden Reihen), im Eisen Zugspannungen über 3200 kg/qcm, womit erwiesen ist, daß das Eisen die Streckgrenze überschritten hat.

Mithin ist nach dem früher Gesagten $m_{III} = 19,3$ t/m.

Aus der Gleichung $\frac{Q\,l}{\alpha} = m_{III}$

ergibt sich

$$\text{bei Reihe I } \alpha_1 = \frac{52,84 \cdot 4}{19,3} = \mathbf{11}$$

$$\text{bei Reihe II } \alpha_2 = \frac{69,920 \cdot 4}{19,3} = \mathbf{14,5}$$

Als zuverlässig kann man nur $\alpha_2 = 14,5$ annehmen aus den bereits erwähnten Gründen.

VI. Ausarbeitung der Versuchsergebnisse und Schlußfolgerungen.

Bei der Aufstellung des Versuchsplanes lag das Bestreben vor, mit Hilfe dieser Untersuchungen auf verschiedenen Wegen den Grad der Einspannung über den Stützen zu prüfen und die Frage zu studieren, wie weit die Berechnung nach der Theorie der durchlaufenden Träger auf Eisenbetonkonstruktionen anwendbar ist.

Die Wege, welche zur Lösung dieser Fragen eingeschlagen wurden, sind verschiedenartig. In erster Linie dient hierfür die Ermittlung der maximalen Momente auf dem Versuchswege und deren Vergleich mit den aus der Theorie ermittelten. Ein anderer Weg war die Heranziehung der Durchbiegungsmessungen und schließlich die Ermittlung der Neigungen der Balkenachse über den Auflagern.

Was die Durchbiegungen anbelangt, so wäre vorerst zu bemerken, daß die Berechnung ihrer absoluten Werte sich bei Eisenbetonkonstruktionen bekanntlich nicht in einwandfreier Weise durchführen läßt. Der absolute Wert der Durchbiegungen kann daher auch nicht zur Beurteilung der Güte von Eisenbetonkonstruktionen herangezogen werden. Wohl aber läßt sich aus dem Verhältnis der Durchbiegung des Trägers auf zwei Stützen zu den Durchbiegungen der Träger über mehrere Stützen ein Schluß auf den Grad der Einspannung ableiten.

Vergleicht man die auf rechnerischem Wege ermittelten Verhältnisse der Durchbiegungen, was noch später gezeigt wird, mit den aus den Messungen abgeleiteten Verhältniszahlen, so wird man auch in die Lage versetzt, die Wirkungsweise der Konstruktion über den Auflagern zu beurteilen.

Eine andere Möglichkeit, den Grad der Einspannung abzuleiten, bietet die Messung der Tangentenwinkel über den Auflagern. So ist z. B. die vollkommene Einspannung direkt an diesen Ablesungen zu erkennen, wenn der Ausschlag der Libelle Null ist; andererseits bieten Vergleiche der Verdrehung der Balkenachse mit den Sehnenwinkeln, die man durch Verbindung eines Auflagerpunktes mit irgend einem Punkt der Biegungslinie erhält, ein Mittel zur Beurteilung des Grades der Einspannung.

Nunmehr soll an den verschiedenen Versuchsobjekten das soeben Gesagte im besonderen ausgeführt werden.

1. Das Verhältnis der Durchbiegungen in der Mitte des belasteten Feldes bei den verschiedenen Versuchsobjekten.

Für drei charakteristische Belastungen sind die Verhältnisse $v = \frac{\delta_n}{\delta}$ der Durchbiegungen in der Feldmitte gebildet worden. Hierbei ist δ die Durchbiegung in Feldmitte bei Objekt I, dem Träger auf zwei Stützen, δ_n die Durchbiegung in der Feldmitte des belasteten $n$ten Feldes. Die gewählten Belastungen sind 3,6 t/lfdm (vor dem Auftreten der ersten Risse), 6,6 t/lfdm (kurz nach dem Auftreten der ersten Risse) und 10,4 t/lfdm (eine Belastung, welche nahezu der halben Bruchlast entspricht, also ein Stadium, bei welchem die Rißbildung schon ziemlich weit vorgeschritten ist).

Für die Belastungen	3,6 t/m	6,6 t/m	10,4 t/m
wurden folgende Verhältniszahlen $v = \frac{\delta_n}{\delta}$ ermittelt:			
Bei Objekt II (2 Felder)	90	42	45 v. H.
„ „ III (3 Felder)	69	63	69 „
„ „ IIIa (mit fest verbundenen Stützen)	**36**	**37**	**34** „
„ „ IV (mit 5 ungleichen Feldern)	80	67	72 „

(Bei IV ist nur das Endfeld in Betracht gezogen, weil nur dort dieselbe Spannweite wie bei den anderen Objekten ist.) Schon diese Zusammenstellung zeigt den Grad der Einspannung bei den verschiedenen Objekten.

Vor dem Auftreten der Risse, wenn die Durchbiegungen nicht viel verschieden sind, ob die T-Balken armiert sind oder nicht, sind die Werte für v am größten, bis auf Objekt IIIa, bei welchem eine feste Verbindung mit den Stützen vorhanden ist. Allerdings waren im letzten Felde bei dieser Belastung schon Risse vorhanden. Ein genaueres Bild erhält man bei Betrachtung der v-Werte bei höheren Belastungen nach dem Auftreten der Risse. Bei dem Träger auf drei Stützen ist bei höheren Belastungen $v = 42$ bis 45 v. H., bei dem Träger auf vier Stützen ist $v = 67$ bis 72 v. H. Daraus läßt sich schon folgern, daß bei letzterem ein geringerer Grad von Einspannung vorhanden ist als bei ersterem, was zu erwarten war wegen des anstoßenden unbelasteten Feldes.

Ganz auffallend klein ist v bei Objekt IIIa, wo die Träger mit den Stützen fest verbunden waren; v ist hier 34 bis 37 v. H. Die Durchbiegungen sind hier am geringsten, weil die Einspannung nicht nur durch das unbelastete angrenzende Feld, sondern auch durch den Anschluß an die Stützen bewirkt wird.

Vergleicht man die Durchbiegungen von Objekt IV (Träger über fünf ungleiche Felder) mit Objekt III, so sieht man, daß kein wesentlicher Unterschied vorhanden ist. Die belasteten Endfelder haben bei beiden eine Spannweite von 3 m; das anschließende unbelastete Feld ist bei Objekt IV 2,5 m weit. Der Unterschied dieser Spannweiten ist auch zu gering, als daß sich ein merklicher Einfluß geltend machen könnte.

Es zeigt sich daher aus diesen Versuchen durch Vergleich der aus den Durchbiegungen abgeleiteten Verhältniszahlen v miteinander, daß bei dem Objekt IIIa, wo die Träger mit den Stützen fest verbunden sind, in der Feldmitte des belasteten Feldes die kleinsten Durchbiegungen vorhanden sind; an zweite Stelle tritt Objekt II, welches auf einer Seite voll eingespannt ist, auf der anderen Seite frei aufliegt. v wird größer bei Objekt III, aber bleibt immer unter 1.

2. Bestimmung des Einspannungsgrades aus den gemessenen Neigungswinkeln der Balkenachse über den Auflagern.

Aus der großen Zahl der Ablesungen, welche sowohl zeichnerisch als tabellarisch zusammengestellt sind, sollen zur Übersicht für einige Belastungsfälle die gemessenen Tangentenwinkel an dem freien Ende des Trägers auf zwei Stützen mit denjenigen des eingespannten Endes der anderen Objekte verglichen werden. Wir wählen hierfür die bereits vorher angenommenen charakteristischen Belastungen; am geeignetsten für die Beobachtung ist das zweite Auflager vom Ende bei allen Objekten. Der Winkel γ (in Sekunden) aus den Libellenablesungen ermittelt, beträgt bei

	Objekt I	II	III	IIIa	IV	
bei einer Belastung von 3,6 t/m	57	**3,9**	39,5	**20**	33	Sekunden
„ „ „ „ 6,6 „	173	**7,6**	82,2	×	90	„
„ „ „ „ 10,6 „	373	×	255	×	228	„

(× Riß über dem Auflager.)

Aus diesen Messungen ergibt sich, daß die geringste Verdrehung der Balkenachse gegen die Horizontale bei Objekt II stattfindet, weil hier beide anstoßenden Felder belastet waren. Die Verdrehung beträgt hier vor dem Auftreten des Risses über dem mittleren Auflager bis zu einer Belastung von 6,6 t/m (etwa $^1/_3$ der Bruchlast) höchstens 7,6 Sekunden. Dieser Wert ist wohl darauf zurückzuführen, daß zwischen dem letzten Lastpunkt und dem theoretischen Auflagerpunkt, über welchem die Libelle nicht genau in einer Vertikalen befestigt wurde, eine kleine unbelastete Strecke vorhanden ist (18,75 cm). Darauf ist auch das aus den Versuchen ermittelte kleinere Bruchmoment zurückzuführen, welches mit der Theorie nicht vollkommen übereinstimmt.

Objekt III und IV verhalten sich auch hier ziemlich ähnlich wie früher; die gemessenen Verdrehungen der Balkenachse stimmen ziemlich gut überein. Sie sind bei niedrigen Belastungen etwa halb so groß als bei höheren Belastungen, etwas weniger als ein Drittel der gemessenen Verdrehungen eines frei aufliegenden Trägers auf zwei Stützen.

Das Objekt IIIa, der T-Träger mit fest verbundenen Stützen, zeigt hier Werte, die zwischen den beiden besprochenen liegen, also zwischen vollkommener Einspannung und Kontinuität.

Zu beachten sind ferner die Werte der gemessenen Winkel am Endauflager bei Objekt IIIa; sie betragen für die Belastungen von 3,6, 6,6 und 10,6 t/m 36,98 bzw. 154 Sekunden, also jedenfalls kleiner als die gleichen Messungen bei Objekt III, welches frei gelagert war, wo die Ausschläge 55,9, 162,8 und über 300 Sekunden für die gleichen Belastungen betrugen.

3. Ermittlung des Einspannungsgrades durch Vergleich der gerechneten mit den gemessenen Durchbiegungen.

Vorausgesetzt, daß bei Eisenbetonträgern über mehrere Stützen dieselben Wirkungen der teilweisen oder vollen Einspannung bestehen, wie bei einheitlichem Material, so muß das Verhältnis der Durchbiegungen von dem Material unabhängig sein; mit anderen Worten: Bildet man das Verhältnis der Durchbiegung eines frei aufliegenden Trägers zu derjenigen eines teilweisen oder voll eingespannten Trägers aus homogenem Material bei derselben Belastung, so muß dieses Verhältnis auch für Eisenbetonträger unter denselben Bedingungen zutreffen.

Die maximale Durchbiegung eines frei aufliegenden Trägers mit gleichbleibendem Trägheitsmoment und unveränderlichem Elastizitätsmodul ist bei gleichförmig verteilter Belastung

$$\delta_1 = \frac{5\,P\,l^3}{384\,E J}\,.$$

Für den auf einer Seite voll eingespannten, am anderen Auflager frei aufliegenden Träger ist die Durchbiegung in der Mitte

$$\delta_2 = \frac{P\,l^3}{192\,EJ}\,.$$

Für den Fall eines beiderseits eingespannten Trägers

$$\delta_3 = \frac{P\,l^3}{384\,EJ}$$

und für einen über drei Felder durchlaufenden Träger mit belasteten Endfeldern wurde für die Mitte des Endfeldes bei einer Spannweite von 3,0 m

$$\delta_4 = 0{,}260\,\frac{P}{EJ}$$

ermittelt (nach Föppl, Festigkeitslehre, 3. Abschn., Bd. III); mithin ist

$$v_1 = \frac{\delta_2}{\delta_1} = \frac{384}{192 \cdot 5} = 0{,}4 = 40 \text{ v. H.},$$

$$v_2 = \frac{\delta_3}{\delta_1} = \frac{1}{5} = 0{,}2 = 20 \text{ v. H.},$$

$$v_3 = \frac{\delta_4}{\delta_1} = 0{,}74 = 74 \text{ v. H.}$$

Die aus den Versuchen unter 1. auf der vorigen Seite ermittelten Verhältniszahlen ergeben bei höheren Belastungen für Objekt II 42 bis 45 v. H., was als eine sehr gute Übereinstimmung mit dem auf rechnerischem Wege ermittelten Verhältnis $v_1 = 40$ v. H. angesehen werden kann. Es läßt sich daher auch auf diesem Wege folgern, daß ein über drei Stützen durchgehender voll belasteter Eisenbetonträger sich genau so verhält wie ein Träger aus homogenem Material.

Ein Vergleich von v_3, dem Verhältnis der gerechneten größten Durchbiegungen bei Objekt III mit denjenigen bei Objekt I, ergibt auch bei höheren Belastungen eine gute Übereinstimmung; die Rechnung ergibt für $v_3 = 0{,}74$, und aus den Messungen wurde unter 1. bei höheren Belastungen 69 v. H. ermittelt, also ein Unterschied von nur 5 v. H., was für diese feinen Messungen bei einem Material wie von Beton nicht ins Gewicht fällt. Damit ist auch auf diesem Wege gezeigt worden, daß auch bei dem Träger über drei Feldern kontinuierliche Wirkung vorhanden ist.

Betrachtet man dieselben Verhältniszahlen bei Objekt IIIa, so zeigt sich bei den Versuchen für v ein Wert von 34 bis 37 v. H. Dieser Wert ist also etwas kleiner als v_1, jedenfalls aber nur etwa halb so groß als bei dem gleichen frei gelagerten Objekt III. Für eine vollkommene Einspannung auf beiden Seiten des Endfeldes müßte $v_2 = 20$ v. H. betragen. Eine volle beiderseitige Einspannung bei Objekt IIIa würde aber auch den anderen bisher besprochenen Ergebnissen widersprechen.

4. Beziehungen zwischen Tangentenwinkel und Sehnenwinkel.

Aus den Libellenablesungen sind die zu bestimmten Belastungen gehörenden Neigungen der Balkenachse über den Auflagern ermittelt worden; diese Winkel geben gleichzeitig die Neigung der Tangente an die Biegungslinie und sollen Tangentenwinkel (γ) genannt werden. Verbindet man einen theoretischen Auflagerpunkt mit einem Punkte der aus den Versuchen ermittelten Linie der Durchbiegungen, so gibt die Neigung dieser Geraden gegen die ursprüngliche horizontale Balkenachse den Sehnenwinkel (γ_1) an. Der Vergleich dieser beiden Werte γ und γ_1, von welchen γ direkt aus den Libellenmessungen entnommen und γ_1 aus den Linien der Durchbiegungen abgeleitet wurde, ermöglicht wertvolle Schlußfolgerungen auf das Verhalten der verschiedenen Versuchsobjekte.

		Objekt I	II	III	IIIa	
Bei einer Belastung von 3,6 t/m ergibt sich	$\gamma =$	68	3,9	39,5	20	Sekunden
	$\gamma_1 =$	43	27	31	15	„
	$\mu = \frac{\gamma}{\gamma_1} =$	1,6	0,14	1,3	1,3	
bei 6,6 t	$\gamma =$	173	7,6	90		„
	$\gamma_1 =$	130	55	83	×	„
	$\mu = \frac{\gamma}{\gamma_1} =$	1,3	0,14	1,1		
und bei 10,4 t	$\gamma =$	373	×	242		„
	$\gamma_1 =$	304	×	210	×	„
	$\mu = \frac{\gamma}{\gamma_1} =$	1,2	×	1,1		„

(× Riß über der Meßstelle.)

Alle diese Tangentenwinkel und Sehnenwinkel wurden für das zweite Auflager des belasteten Endfeldes bestimmt.

Objekt IV wurde nicht berücksichtigt wegen der ungleichen Felder.

Wir sehen aus der Zusammenstellung, daß nur bei dem vollbelasteten Träger (Objekt II) über zwei Feldern der Tangentenwinkel kleiner ist als der Sehnenwinkel, was so viel sagt, daß die Balkenachse über dem mittleren Auflager von der ursprünglichen Lage wenig abweicht, während die Durchbiegungen in der Mitte rasch zunehmen. Dieser Fall kann aber nur bei einem hohen Grad von Einspannung eintreten. Das Verhältnis μ bleibt auch bei höherer Belastung gleich gering; es müßte 00 sein, wenn nicht aus den angegebenen Gründen eine kleine, wenn auch unwesentliche Verdrehung der Balkenachse erfolgt wäre.

Anders ist es bei Objekt III, dem Träger auf vier Stützen mit belasteten Endfeldern. Der Tangentenwinkel ist hier genau wie beim frei aufliegenden Träger auf zwei Stützen größer als der Sehnenwinkel bei der gleichen Belastung; das gleiche ist auch bei Objekt IIIa der Fall, wenn auch nur in geringem Maße. Mit zunehmender Belastung wird die Differenz zwischen γ und γ_1 geringer; das Verhältnis μ wird kleiner und nähert sich dem Wert 1. Wir ersehen daraus, daß sich bei dem Träger auf vier Stützen die Balkenachse so verdreht, wie es dem stetigen Verlauf der elastischen Linie bei einem durchlaufenden Träger entspricht.

Aus dem bisher Gesagten läßt sich kurz zusammenfassend für diese Versuche folgern:

Im Falle frei drehbarer und verschiebbarer Lagerung folgen Eisenbetonkonstruktionen über mehrere Felder denselben Gesetzen, wie durchlaufende Träger aus homogenem Material mit unveränderlichem Elastizitätsmodul und gleichbleibendem Trägheitsmoment.

Bei Eisenbetonkonstruktionen, die mit den Stützen schon durch die Art der Herstellung fest verbunden sind, ist dies nicht der Fall. Es treten nicht nur größere Einspannungen am Übergang vom Träger zur Stütze auf, welche die Neigung der Balkenachse bei zunehmenden Belastungen beeinflussen, sondern es entstehen auch in den Stützen Formänderungen. Weitere Folgen sind eine Verdrehung des ursprünglich rechten Winkels zwischen Träger- und Stützachse und eine Durchbiegung der Stützen, wie dies besonders in Fig. 12f. veranschaulicht wird, wo sich deutlich eine rahmenartige Wirkung eines derartigen Gebildes zeigt. Die in den Stützen auftretenden Biegungsmomente dürfen jedenfalls beim Entwurf ähnlicher Eisenbetonkonstruktionen nicht unberücksichtigt bleiben.

In dem folgenden Abschnitt sollen nun die Versuchsergebnisse mit Hilfe von verschiedenen Berechnungsverfahren noch näher beleuchtet werden.

5. Die Versuchsergebnisse und die Theorie der Berechnungen.

a) Der auf zwei Stützen frei aufliegende Träger (Objekt I).

Die Berechnung erfolgt für ein Belastungsstadium, in welchem die Risse im Beton so weit vorgeschritten sind, daß von dessen Mitwirkung auf Zug abgesehen werden kann.

Es ergibt sich dann für die Lage der Nullinie x unter den bekannten Voraussetzungen (es zeigt sich, daß $n = 10$ den tatsächlichen Verhältnissen besser entspricht)

$$x = \frac{\frac{B d^2}{2} + (h - c)\, n f_e}{n f_e + b d}, \quad \text{(siehe Fig. 15a).}$$

Für die Ermittlung der Spannungen im Beton und im Eisen gelten die Gleichungen:

$$\sigma_e = \frac{M}{f_e h_{ZD}},$$

$$\sigma_{bd} = \frac{\sigma_e x}{n(h - c - x)}, \qquad h_{ZD} = \text{Abstand von Zug- und Druckmittelpunkt.}$$

und die Schubspannung

$$\tau_0 = \frac{V}{b\, h_{ZD}}, \qquad x = \text{Abstand der Nulllinie von der Oberkante.}$$

Dieselben Gleichungen, wie sie in den preußischen ministeriellen Bestimmungen vorkommen, werden allen nachfolgenden Berechnungen für die Spannungen zugrunde gelegt.

In diesem Fall, der nur zu Vergleichszwecken dient, genügt die Ermittlung der Spannungen für das Bruchmoment. Die Bruchlast (einschließlich Eigengewicht) betrug im Mittel aus zwei Versuchen $Q = 17{,}2$ t/m, mithin ist das Höchstmoment

$$M_I = \frac{Q l}{8} = 19{,}4 \text{ tm},$$

$$x = 16{,}5, \quad y = 12{,}7.$$

Sonach erhält man für

$$\sigma_e = 3500 \text{ kg/qcm}, \quad \sigma_{bd} = 133 \text{ kg/qcm}, \quad \tau_o = 23{,}9 \text{ km/qcm},$$

wenn $n = 15$ angenommen wird.

Bei $n = 10$ ergibt sich eine bessere Übereinstimmung mit den Versuchen; es wird $x = 13$ cm, $y = 9{,}6$ cm, $\sigma_e = 3480$ kg/qcm, $\sigma_{bd} = 133$ kg/qcm, $\tau_o = 23{,}7$/qcm.

Vorerst wäre zu bemerken, daß die Ergebnisse dieses Versuches, wie aus den Darlegungen hervorgeht, eine Bestätigung für die Richtigkeit der Ermittlung des Bruchmomentes m aus den inneren Kräften ergeben hat. Der Koeffizient $\alpha = \dfrac{Ql}{m_I}$ ist mit nahezu 8 ermittelt worden. Die Übereinstimmung dieses Koeffizienten α mit dem theoretischen Werte ist ferner ein Beweis dafür, daß mit der Überschreitung der Streckgrenze des Eisens die Tragfähigkeit des Balkens erschöpft ist.

b) Träger auf drei Stützen (Objekt II).

Die Ermittlung des größten Feldmomentes M_I erfolgte mit Hilfe der Winklerschen Tabellen, an der Stelle 0,375 l = 1,125 m vom Endauflager. Wenn $Q = 21{,}1$ t/m, so ist das größte Feldmoment

$$M_I = 13{,}3 \text{ tm} = \frac{Q\,l}{14{,}2}.$$

Daraus wurde $\sigma_e = 2390$ kg/qcm, $\sigma_{bd} = 85$ kg/qcm berechnet; ferner aus ${}_BV_{\max} = 0{,}625\,Q = 39{,}5$ t $\tau_o = 36$ kg/qcm.

Wenn auch diese aus dem größten Feldmoment ermittelten Werte für die Spannungen im Beton und im Eisen nicht ganz genau mit den wirklich auftretenden Spannungen übereinstimmen, so zeigen sie doch, daß die Feldmomente nicht zum Bruche führen konnten, denn die Spannungen σ_e und σ_{bd} bleiben unter dem erreichbaren Höchstwert.

Die errechneten größten Schubspannungen äußern sich an der größeren Zahl der auftretenden schiefen Risse, können jedoch nicht als die Ursache des Bruches gelten; die abgebogenen Eisen genügen hier vollkommen.

Ein Bild von den Bruchursachen erhält man, wenn man das höchste Stützmoment $M_B = -\dfrac{Q\,l}{8}$ bildet.

Wenn $Q = 21{,}1$ t/m, wird $M_B = -23{,}8$ tm; hieraus ergeben sich

$$\sigma_e = 4520 \text{ kg/qcm} \quad \text{und} \quad \sigma_{bd} = 240 \text{ kg/qcm}.$$

Diese Werte sind ganz unwahrscheinlich, insbesondere aber der Wert für σ_e, der größer ist als die aus den Vorversuchen ermittelte Zugfestigkeit des verwendeten Eisens. Wir haben hier ein sprechendes Beispiel dafür, wie leicht die Bruchursache verkannt wird, wenn man die Spannungen mit Hilfe einer in die Vorschriften aufgenommenen Methode ermittelt. Aus dem Versuch an Objekt I geht zweifelsfrei hervor, daß die höchsten Zugspannungen im Eisen sich nur innerhalb der oberen und unteren Streckgrenze des Eisens bewegen können, was einem Wert von höchstens 3500 kg/qcm entspricht.

Die Versuchsergebnisse zeigen uns aber, daß die hier theoretisch angenommene volle Einspannung über dem mittleren Auflager nicht vorhanden ist.

Aus der Gleichung $\alpha = \frac{Q\,l}{m_B}$ (S. 33) ist α im Mittel mit 10 bestimmt worden, dem würde ein höchstes Stützmoment $M_B = -\frac{Q\,l}{10} = -19$ tm entsprechen. Die daraus ermittelten höchsten Spannungen sind für $n = 10$

$$\sigma_e = 3580 \text{ kg/qcm} \quad \text{und} \quad \sigma_{bd} = 186{,}5 \text{ kg/qcm}.$$

Diese Werte entsprechen besser den tatsächlichen Verhältnissen.

Es wurde schon unter 1. und 3. dieses letzten Abschnittes hervorgehoben, daß das bei einer vollen Einspannung bedingte Horizontalbleiben der Tangente über dem mittleren Auflager bei diesen Versuchen nicht zutraf, daß vielmehr ein kleiner, wenn auch geringer Ausschlag der Libelle gemessen wurde. Dies könnte darauf zurückzuführen sein, daß die Belastungseinrichtung eine über dem Auflager unbelastete Strecke von 37,5 cm hervorrief (siehe Fig. 2), und dadurch eine kleine Verdrehung der Tangente ermöglichte. Damit läßt sich auch erklären, warum nicht für M_B der Wert $\frac{Q\,l}{8}$ erreicht wurde.

Ferner wäre noch etwas über die Lage des Monumentennullpunktes zu sagen. Aus der Theorie ergibt sich dieser mit $^3/_4\,l = 0{,}75$ m vom mittleren Auflager entfernt. Der Verlauf der Rißbildung bei Objekt II gibt eine ziemlich gute Übereinstimmung. In Fig. 10b zeigt sich besonders in dem Feld AB die Verschiebung des ganzen Rißbildes nach dem Endauflager A.

c) Träger auf vier Stützen (Objekt III).

Unter der Annahme, daß wie bei den Versuchen nur die beiden Endfelder belastet sind, wird die Berechnung der Momente und Querkräfte mit Hilfe der Winklerschen Tabellen für zwei Belastungen durchgeführt; für 6,2 t/m (etwas mehr als $^1/_3$ der Bruchlast) und für 18,5 t/m (der Bruchlast einschließlich Eigengewicht). Für die Belastung 6,2 t/m ergeben sich die Feldmomente

$$M_I = 5{,}52 \text{ tm} = \frac{Q\,l}{10}$$

im Abstande 1,2 m vom Auflager; daraus

$$\sigma_e = 990 \text{ kg/qcm}; \qquad \sigma_{bd} = 35{,}2 \text{ kg/qcm}$$

und für das Mittelfeld

$$M_{II} = -\,2{,}56 \text{ tm};$$

daraus

$$\sigma_{bd} = 29 \text{ kg/qcm}; \quad \sigma_e = 800 \text{ kg/qcm} \qquad (\text{vorhanden } 3 \varnothing 18 \text{ mm}).$$

Für die Bruchlast 18,5 t/m erhält man

$$\boldsymbol{M_{I\,\max} = 16{,}6 \text{ tm} = \frac{Q\,l}{10} \quad \alpha_I = 10.}$$

Daraus wurden die größten Spannungen im Beton und Eisen ermittelt mit

$$\sigma_{e\,\max} = 2990 \text{ kg/qcm}; \; \sigma_{bd} = 114{,}2 \text{ kg/qcm}$$

und

$$\min M_{II} = -\,9{,}2 \text{ t/m} = -\,\frac{Q\,l}{18{,}1} \quad \alpha_{II} = 18{,}1$$

und daraus

$$\sigma_{bd} = 107 \text{ kg/qcm}; \quad \sigma_e = 2830 \text{ kg/qcm}$$

in den oberen Eiseneinlagen des mittleren unbelasteten Feldes.

Die größte Querkraft ist ermittelt worden mit

$$V_{\max} = 31\ \mathrm{t},$$

daraus $\tau_0 = 32{,}1$ kg/qcm.

Bei der Belastung 6,2 t/m, welche $1/3$ der Bruchlast entspricht, ergeben sich die aus den Messungen direkt ermittelten Werte für das Moment der inneren Spannungen im unbelasteten Mittelfeld

$$m_{II} = -\ 2{,}4\ \mathrm{tm}.$$

Aus der Rechnung ergibt sich das Moment der äußeren Kräfte für die gleiche Belastung

$$M_{II} = -\ 2{,}56\ \mathrm{tm},$$

also eine ziemlich gute Übereinstimmung. Die dazugehörige Randspannung im Beton an der Unterkante ist aus den Messungen mit $\sigma_{bd} = 21$ kg/qcm bestimmt worden, die Berechnung ergibt $\sigma_{bd} = 29$ kg/qcm. Der Unterschied ist nicht wesentlich und zeigt, wie dies bereits erwähnt wurde, daß die berechnete Druckspannung größer ist als die tatsächliche.

Bei der Höchstlast 18,5 t/m ergibt sich im unbelasteten Feld für die größte Druckspannung im Beton ein Mittelwert von $\sigma_{bd} = 105$ kg/qcm mit Hilfe der Messungen direkt ermittelt, und die Berechnung nach der Theorie der durchlaufenden Träger liefert $= 107$ kg/qcm. Diese Übereinstimmung ist auffallend und beweist die kontinuierliche Wirkung.

Sehr groß sind für den in den Versuchen angenommenen ungünstigen Belastungsfall die Spannungen im Eisen im unbelasteten Felde, die mit 2830 kg/qcm berechnet wurden. Diese große Eisenspannung kommt äußerlich an der starken Rißbildung zum Ausdruck. Die Risse sind beim Bruch, wie Fig. 11b und c zeigten, sehr weit geöffnet, und ihre gleichmäßige Verteilung über das ganze Mittelfeld ist ein weiterer sprechender Beweis für die kontinuierliche Wirkung.

Die an der Bruchstelle ermittelten höchsten Spannungen unter der Annahme $n = 10$ sind

$$\sigma_e = 3030\ \mathrm{kg/qcm}; \quad \sigma_{bd} = 116\ \mathrm{kg/qcm}.$$

Sie sind etwas kleiner als die tatsächlichen Spannungen und entsprechen einem

$$M_I = \frac{Q\,l}{10}$$

entgegen dem aus den Versuchen ermittelten $m_I = \frac{Q\,l}{9}$ unter der Annahme, daß die Streckgrenze überschritten und die Spannung im Eisen mit 3350 kg/qcm angenommen wurde. Wie man aber aus den Vorversuchen sieht, schwankte die obere Streckgrenze des verwendeten Eisens zwischen 2840 und 3232 kg/qcm, so daß diese Differenz erklärlich ist. Bei einer Annahme für $\sigma_{e\max}$ von 3000 kg/qcm (statt wie bisher 3350) erhält man für $m_1 = \frac{Q\,l}{9{,}7}$, was als eine sehr gute Übereinstimmung gelten kann.

Faßt man alle Beobachtungen bei Objekt III zusammen und betrachtet man insbesondere die Rißbildung, so ergibt sich daraus, daß man hier kontinuierlich rechnen muß. Wäre dies nicht geschehen und es fehlten die oberen Eiseneinlagen im unbelasteten Mittelfelde, so wäre bei der ungünstigen Belastung hier der Bruch eingetreten.

d) Träger über vier Felder mit fest verbundenen Stützen (Objekt IIIa).

Die Berechnung der Spannungen nach der Theorie der durchlaufenden Träger versagt hier vollständig, was auch nicht zu verwundern ist. Wir haben schon aus der Betrachtung der gemessenen Formänderungen, der Rißbildung in den Stützen ersehen, daß hier eine rahmenartige Wirkung vorhanden ist, trotz der wenig steifen Verbindung in den Ecken. Der Entwurf dieses Objektes war mit Absicht so gemacht, wie man heute fast allgemein, derartige Gebilde ausführt. Berechnet man nach der Theorie für durchlaufende Träger die Momente, so erhält man für die Bruchlast 25,2 t/m:

$$M_{I\,\max} = 23{,}5\ \text{tm}.$$

Die größten Spannungen wurden daraus ermittelt für

$$\max \sigma_e = 4200\ \text{kg/qcm}, \quad \sigma_{bd} = 160\ \text{kg/qcm};$$

$M_{II\,\min} = -12{,}7$ m/t und die daraus ermittelten Spannungen:

$$\sigma_e = 3920\ \text{kg/qcm}, \quad \sigma_{bd} = 148\ \text{kg/qcm}.$$

Der Bruch erfolgt bei $M_{I\,\max}$, also ist dort nach allem bisher Gesagten für $\sigma_{e\,\max}$ als Höchstwert 3300 kg/qcm erreicht worden; im unbelasteten Mittelfeld müssen die Spannungen im Eisen unter diesem Werte geblieben sein, wenn sie sich auch dort sehr weit öffneten, was allerdings auf hohe Eisenspannungen hinweist. Man ersieht also auch daraus, daß diese Berechnung in diesem Falle unbrauchbar ist.

Berechnet man die Spannungen in den Stützen unter Annahme zentrischer Belastung, so ergibt sich beim Bruch

$$\max \sigma_{bd} = 45\ \text{kg/qcm}, \quad \sigma_e = 450\ \text{kg/qcm}\ (n = 10).$$

Die in dieser Weise durchgeführte Berechnung gibt ein ganz falsches Bild von den auftretenden Spannungen und läßt die durch die Ausbiegung der Stützen entstehenden Formänderungen ganz unberücksichtigt.

Es sei an dieser Stelle noch auf die wertvolle Arbeit von Dr.-Ing. H. Marcus[1]) verwiesen, welche ein Rechnungsverfahren für diesen Fall ermöglicht, dessen Ergebnisse mit den Versuchsergebnissen sehr gut übereinstimmen.

Nimmt man nun an, daß der T-Balken nur durch lotrechte Lasten beansprucht wird, schaltet man ferner jede Temperaturänderung aus und vernachlässigt man den Einfluß der Axialkräfte auf die Formänderungsarbeit, so kann man die oberen Knotenpunkte als unverrückbar ansehen.

Nach diesen Annahmen, deren Richtigkeit für diesen Fall von dem genannten Verfasser nachgewiesen wurden, hat Dr. Marcus unter Anlehnung an seine genannte Arbeit für den Fall des über drei Felder durchlaufenden Rahmens bei einer gleichförmigen Belastung von Feld I und III folgendes Berechnungsverfahren abgeleitet (siehe Fig. 15a bis d):

Bezeichne M_l und M_r die auf die Nullinie bezogenen Biegungsmomente für zwei Querschnitte unmittelbar links und rechts von der Auflagervertikalen, J das Trägheitsmoment des T-Balkens und J_1 das Trägheitsmoment des Ständers oder der Stütze,

$$\int_0^l M_{0m}\, x\, dx = L_m \quad \text{und} \quad \int_0^l M_{0m}(l - x)\, dx = R_m\,,$$

[1]) Studien über mehrfach gestützte Rahmen und Bogenträger von Dr. Ing. H. Marcus, Verlag Julius Springer, Berlin.

ferner die Koeffizienten

$$k = \frac{l}{3h' + 4l}; \qquad r = \frac{h'}{3h' + 4l}$$

und schließlich der Ausdruck

$$\frac{4h_1^3}{(3h - h_1)^2}\,\frac{J}{J_1} = h',$$

so ergeben sich für diesen besonderen Fall:

$$M_o = \frac{p}{2}\,x(l - x),$$

$$L = \frac{p}{2}\int_0^l x^2(l - x)\,dx = \frac{p\,l^4}{24}.$$

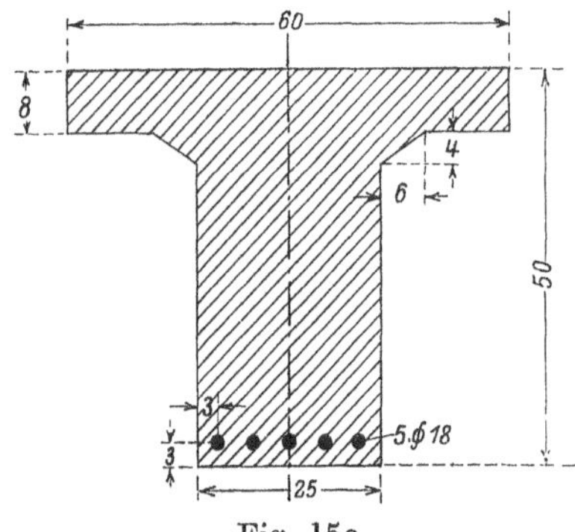

Fig. 15a.

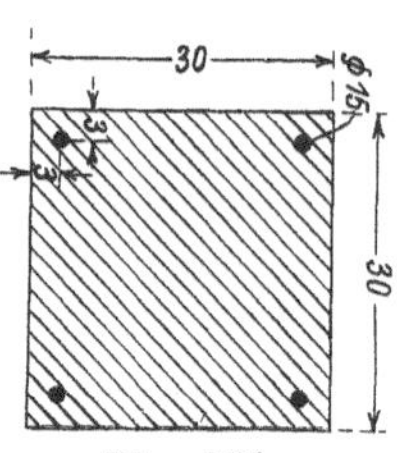

Fig. 15b.

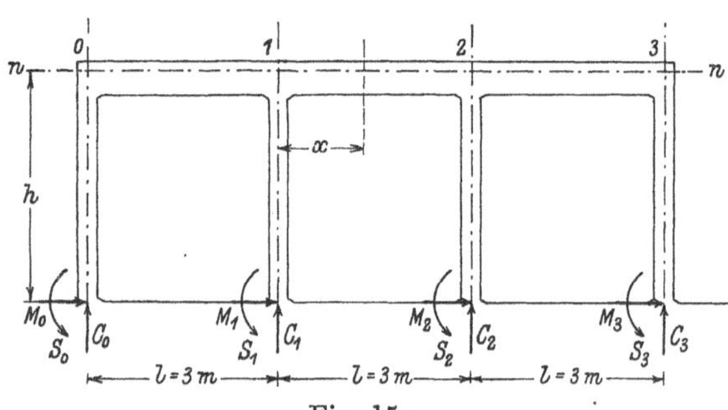

Fig. 15c.

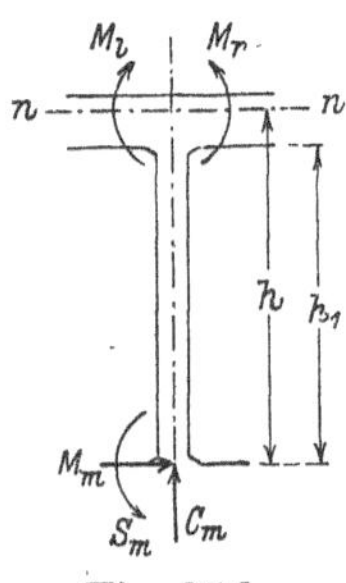

Fig. 15d.

Für $l = 3{,}0$ m erhält man

$$\frac{2L_1}{l^2} = \frac{2R_1}{l^2} = \frac{2L_3}{l^2} = \frac{2R_3}{l^2} = \frac{pl^2}{12} = \frac{9}{12}\,p = 0{,}75\,p.$$

Da die Mittelfelder unbelastet sind, so werden $L_2 = R_2 = 0$. Das M_l-Gleichungssystem lautet somit:

$$\text{I}\begin{cases} 2\,M_{1l}(k + 2\,r) + M_{2l} = -\,0{,}75\,p\,(1 - 2\,k), \\ M_{1l} + 2\,M_{2l}(k + 2\,r) + M_{3l} = -\,2{,}25\,p \cdot r, \\ M_{2l} + 2\,M_{3l}\left(k + r + \dfrac{h'}{4l}\right) = -\,0{,}75\,p\,(1 - 2\,k). \end{cases}$$

Hieraus werden die M-Werte errechnet:

Der Symmetrie halber sind $M_{0r} = M_{3l}$, $M_{1r} = M_{2l}$, $M_{2r} = M_{1l}$.

[1]) In der Zeichnung. Statt M_0 M_1 M_2 M_3 soll es H_0 H_1 H_2 H_3 heißen.

Im Endfeld folgen die Momente der Gleichung:

$$M = \frac{p}{2} x(l - x) + M_{3l} + \frac{M_{1l} - M_{3l}}{1} x .$$

In einer Entfernung

$$x_0 = \frac{l}{2} + \frac{M_{1l} - M_{3l}}{pl} = 1{,}5 + \frac{M_{1l} - M_{3l}}{3p}$$

vom Endständer entsteht das größte positive Biegungsmoment, und zwar ist:

a) $$M_{\max} = \frac{p}{2} x_0 (3 - x_0) + M_{3l} + \frac{(M_{1l} - M_{3l})}{3} x_0 .$$

für $h_1 = 3{,}0$ m (siehe Fig. 15c) ergibt sich:

b) $$M_{v\max} = -\frac{M_{3l}}{3h - h_1}(h_1 - 3y) = M_{3l}\frac{5{,}7}{3h - 3} .$$

Die entsprechende Axialkraft ist:

c) $$N = p x_0 = C_0 .$$

C die vertikale Komponente des Einspannungswiderstandes.

Durch die Gleichungen a), b) und c) sind alle zur Ermittlung der größten auftretenden Spannungen erforderliche Werte gegeben. Wir gehen nun zur zahlenmäßigen Feststellung dieser Werte über (siehe Fig. 15a):

$B = 60$ cm
$b = 25$,,
$h = 50$,,
$d = 8$,,
$c = 3$,,
$f_e = 12{,}7\ \text{cm}^2$

Die Mitwirkung des vollen Betonquerschnittes bei niederen Belastungen vorausgesetzt, $n = 10$ angenommen, gibt

$$x = \frac{35\frac{8^2}{2} + 25\frac{50^2}{2} + 10 \cdot 12{,}7 \cdot 47}{35 \cdot 8 + 25 \cdot 50 + 10 \cdot 12{,}7} = 23{,}1\ \text{cm}; \quad h - x = 26{,}9\ \text{cm};$$

$$J_u = J_n = \tfrac{1}{3}[25(23{,}1^3 + 26{,}9^3) + 35(23{,}1^3 - 15{,}1^3)] + 10 \cdot 12{,}7(47 - 23{,}1)^2 = 441113{,}0\ \text{cm}^4 .$$

Stützen- oder Ständerquerschnitt. $a = b = 30$ cm; $c = 2{,}5$ cm (siehe Fig. 15b);

$$f_e = f_e' = 2 \varnothing 15 = 3{,}535\ \text{cm}^2;$$

$$J_1^u = \frac{30^4}{12} + 2 \cdot 10 \cdot 3{,}535 \cdot 12{,}5^2 = 78\,547\ \text{cm}^4,$$

$$F_v = 30^2 + 2 \cdot 10 \cdot 3{,}535 = 970{,}7\ \text{cm}^2,$$

$$\frac{J^u}{J_1^u} = \frac{441\,113}{78\,547} = 5{,}616 .$$

Die Systemhöhe ist $h = 3{,}0 + 0{,}269 = 3{,}269$ m; mit $h_1 = 3{,}0$ m erhält man

$$h' = \frac{4h_1^3}{(3h - h_1)^2} \cdot \frac{J}{J_1} = \frac{4 \cdot 3^3}{6{,}807^2} \cdot \frac{441\,113}{78\,547} = 13{,}09\ \text{m} .$$

Sonach ermitteln sich die Koeffizienten

$$k = \frac{3}{3 \cdot 13{,}09 + 4 \cdot 3} = 0{,}058\,514 ; \qquad r = \frac{13{,}09}{3 \cdot 13{,}09 + 4 \cdot 3} = 0{,}255\,315 .$$

Führt man diese Werte ins Gleichungssystem I ein, so nehmen die Elastizitätsgleichungen folgende Gestalt an:

$$M_1\,1{,}138288 + M_2\,0{,}255315 = -0{,}662229\,p\,,$$
$$M_1\,0{,}255315 + M_2\,1{,}138288 + M_3\,0{,}255315 = -0{,}57445875\,p\,,$$
$$M_2\,0{,}255315 + M_3\,2{,}809324 = -0{,}662229\,p\,.$$

Die Auflösung dieser Gleichungen liefert:

$$M_1 = -0{,}504226\,p;\; M_2 = -0{,}345748\,p;\; M_3 = -0{,}204303\,p\,.$$

Mithin nach Formel a):

$$x_0 = 1{,}5 - \tfrac{1}{3}(0{,}504\,226 - 0{,}204\,303) = 1{,}400\,026\text{ m}\,.$$

$$M_{\max} = [\tfrac{1}{2}\cdot 1{,}400026\cdot 1{,}599974 - 0{,}204303 - \tfrac{1}{3}\cdot 1{,}400026(0{,}504226 - 0{,}204303)]p$$
$$= 0{,}775\,733\,p = \frac{p\,l^2}{11{,}6}\,.$$

Nach Formel b):

$$M_{v\max} = -0{,}204\,303\cdot\frac{5{,}7p}{6{,}807} = -0{,}17\,108p\,.$$

Nach Formel c):

$$N = p\,x_0 = 1{,}400026\,p\,.$$

Die größte Betonzugspannung σ_{bz} beträgt sonach

a) im T-Balken:

$$\alpha)\qquad \sigma_{bz} = \frac{77\,573{,}3\cdot 26{,}9p}{441\,113} = 4{,}73p\,.$$

b) am Ständerkopf:

$$\beta)\qquad \sigma_{bz} = \frac{17\,108\cdot 15p}{78\,547} - \frac{1400{,}26p}{970{,}7} = 1{,}8248p\,.$$

(p in t eingesetzt gibt σ in kg/cm^2).

Diese Zahlen zeigen, daß die größten Biegungszugspannungen im T-Balken entstehen; in Übereinstimmung damit treten auch hier bei den Versuchen die ersten Risse auf. Da die Betonzugfestigkeit sehr bald überwunden ist, so kommt für höhere Belastungen nur der Fall in Betracht, wo auf die Mitwirkung der Zugspannungen im Beton verzichtet werden muß.

Im T-Balken ist, wenn $n = 15$ gewählt wird, der Abstand der Nullinie von der Oberkante:

$$x = \frac{60\cdot\frac{8^2}{2} + 15\cdot 12{,}7\cdot 47}{60\cdot 8 + 15\cdot 12{,}7} = 16{,}217\text{ cm}\,.$$

Somit wird

$$y = \frac{2}{3}\left[16{,}217 + \frac{8{,}217^2}{24{,}434}\right] = 12{,}67\text{ cm}\,.$$

$$(\alpha')\quad \begin{cases} \sigma_e = \dfrac{M}{f_e(h-c-x-y)} = \dfrac{77\,573{,}3p}{12{,}7\cdot 43{,}453} = 140{,}56p\,, \\[2ex] \sigma_{bd} = \dfrac{x\cdot\sigma_e}{n(h-c-x)} = \dfrac{16{,}217}{15\cdot 30{,}783}\cdot 140{,}56p = 4{,}9365p\,. \end{cases}$$

Um die Spannungen im Ständerkopf zu erhalten, muß man zunächst die Lage der Nullinie aus der Gleichung:

$$x^3 - 3x^2\left(\frac{d}{2} - \frac{M}{N}\right) + 12\frac{M}{N}\cdot\frac{n f_e}{b}x - 6n\frac{f_e}{b}\left[\frac{M}{N}d + 2\left(\frac{d}{2} - c\right)^2\right] = 0$$

ermitteln. Setzt man

$$\frac{M}{N}=\frac{17\,108}{14\,000,26}=12,22\text{ cm}\,,\quad d=b=30\text{ cm}\,,\quad c=2,5\text{ cm}\,,\quad f_e=3,535\text{ cm}^2,$$

so ergibt sich $x=17,35$ cm.

$$(\beta')\quad\begin{cases}\sigma_{bd}=\dfrac{2Nx}{b\,x^2+2n\,f_e(2x-d)}=p\,\dfrac{2\cdot 1400,026\cdot 17,35}{30\cdot 17,35^2+2\cdot 15\cdot 3,535\cdot 4,7}=3,4663p\,.\\[2ex] \sigma_e=n\,\sigma_{bd}\,\dfrac{(d-c-x)}{x}=15\cdot\dfrac{10,15}{17,35}\cdot 3,4663p=30,4175p\,.\end{cases}$$

Vergleicht man die entsprechenden Zahlenwerte von (α') und (β') miteinander, so erkennt man, daß der T-Balken wesentlich stärker als der Ständer beansprucht wird. Aus diesem Grunde muß der Bruch zuerst beim T-Balken eintreten, was auch durch die Versuche bewiesen ist.

Für die Bruchbelastung bedürfen die bisherigen Ergebnisse einer Korrektur, weil die Voraussetzung, unter welcher die M-Werte ermittelt worden sind, nicht mehr zutrifft. In der Nähe des Bruches sind T-Balken und Ständerkopf in dem Stadium, in welchem die Risse bis zur Nullinie vorgeschritten sind, während im unteren Teile des Ständers, infolge ihrer weit geringeren Beanspruchung, noch die Betonzugspannungen mitwirken. Hierdurch ändert sich das Verhältnis $\frac{J}{J_1}$ der Trägheitsmomente, und diese Änderung ist für die Werte M von wesentlichem Einfluß.

Das neue Trägheitsmoment des Balkens ist für $x=16,217$ cm und $n=15$,

$$J^0=\frac{60}{3}[16,217^3-(16,217-8)^3]+15\cdot 12,7\,(47-16,217)^3=254716\text{ cm}^4\,.$$

Für den oberen Teil des Ständers ist für $x=17,35$,

$$J_1^0=\frac{17,35^3}{3}\cdot 30+15\cdot 3,535\,(14,85^2+10,15^2)=69383,4\text{ cm}\,.$$

Die entsprechenden Werte für das niedere Belastungsstadium sind:

$$J_u=441\,113\text{ cm}^4\text{ und }J_1^u=78\,547\text{ cm}^4.$$

Nimmt man für

$$\frac{J}{J_1}=\frac{1}{2}\left(\frac{441\,113}{78\,547}+\frac{254\,716}{69\,383,4}\right)=4,643$$

das arithmetische Mittel aus $\frac{J^u}{J_{u1}}$ und $\frac{J^0}{J_{o1}}$.

Demnach erhält man:

$$h=3,0+0,50-0,16217=3,338\text{ m};$$

$$h_1=3,0\text{ m}\,,h_1'=\frac{4\cdot 3^2}{(3\cdot 3,338-3)^2}\,4,643=10,19\text{ m};$$

$$r=0,23937\,,\;k=0,070472.$$

Mit diesen Werten gehen die Gleichungen I über in:

$$\begin{cases}M_1\cdot 1,09748+M_2\cdot 0,23937=-0,644292\,p\,,\\ M_1\cdot 0,23937+M_2\cdot 1,09748+M_3\cdot 0,23937=-0,5385825\,p\,,\\ M_2\cdot 0,23937+M_3\cdot 2,318018=-0,644292\,p.\end{cases}$$

Hieraus ergibt sich:

$$M_1=-0,516213\,p\,,\;M_2=-0,324847\,p\,,\;M_3=-0,244405\,p.$$

Es ist somit

$$x_0 = 1{,}5 - \frac{0{,}516213 - 0{,}244405}{3} = 1{,}409397 \text{ m}.$$

$$\boldsymbol{M}_{\max} = \left[\frac{1{,}409297}{2} \cdot 1{,}590603 - 0{,}244405 \right.$$

$$\left. - \tfrac{1}{3}(0{,}516213 - 0{,}244405) \cdot 1{,}409397\right] p\,.$$

$$= 0{,}748797\, p = \frac{p\, l^2}{12{,}019}\,,$$

$$M = \frac{Q\, l}{\alpha}\,, \quad \boldsymbol{\alpha = 12{,}019}\,.$$

Aus den Versuchen ist $\alpha = 12$ ermittelt worden.

$$\boldsymbol{M}_{v_{\max}} = -0{,}244405 \cdot \frac{5{,}7}{3 \cdot 3{,}338 - 3}\, p = -0{,}198618\, p\,;\; N = 1{,}409\,397\, p\,.$$

Vergleicht man diese Werte mit den früher erhaltenen, so erkennt man, daß infolge der Änderung der Querschnittverhältnisse der Balken relativ weniger und der Ständer mehr beansprucht wird.

$$(\alpha'') \qquad \sigma_e = \frac{748797}{775733} \cdot 140{,}56\, p = 135{,}67\, p\,.$$

Für den Ständerkopf erhält man aus der kubischen Gleichung, wenn

$$\frac{M}{N} = \frac{19861{,}8}{1409{,}397} = 14{,}0924 \text{ cm}$$

gesetzt wird, $x = 15{,}6$ cm.

Mithin:

$$(\beta'') \quad \begin{cases} \sigma_{bd} = \dfrac{p \cdot 2 \cdot 1409{,}397 \cdot 15{,}6}{30 \cdot 15{,}6^2 + 2{,}15 \cdot 3{,}535\,(2 \cdot 15{,}6 - 30)} = 5{,}92\, p\,. \\[2ex] \sigma_e = 15 \cdot 5{,}92 \cdot \dfrac{(27{,}5 - 15{,}6)}{15{,}6} \cdot p = 67{,}74\, p\,. \end{cases}$$

Letztere Zahlen zeigen, daß die Spannungen im Ständer wesentlich zugenommen haben.

Für die Bruchbelastung $p = 24$ t/m liefern die Formeln α'' und β'':

$\sigma_e = 135{,}67 \cdot 24 = 3255$ kg/qcm im T-Balken,
$\sigma_{bd} = 5{,}92 \cdot 24 = 142$ „ „ Ständer,
$\sigma_e = 67{,}74 \cdot 24 = 1625$ „ „ „

Es ergibt sich für σ_e ein Wert von 3255 kg/qcm in einer Entfernung von 1,4 von der linken Endstütze. Die Streckgrenze des Eisens ist augenscheinlich überschritten und hat den Bruch verursacht, was mit den Versuchsergebnissen vollkommen übereinstimmt.

Von besonderem Interesse ist auch die Übereinstimmung der für die Zugspannungen im Beton errechneten Werte für σ_{bz} nach den Gleichungen α und β auf S. 68.

Es ist

im T-Balken $\sigma_{bz} = 4{,}73\; p$,
„ Ständer $\sigma_{bz} = 1{,}8248\, p$

gefunden worden.

Nimmt man für $\sigma_{bz\max}$ 30 kg/qcm an, so erhält man für den T-Balken

$$p = \frac{30}{4{,}73} = 6{,}35 \text{ t/m}$$

oder

$$P = 3\,p = 19{,}05\ \mathrm{t};$$

in Wirklichkeit wurde der erste Riß im T-Balken bei $P = 20$ t gefunden.

In der Stütze ist unter denselben Annahmen für

$$p = \frac{30}{1{,}8} = 16{,}6\ \mathrm{t/m}$$

oder

$$P = 49{,}8\ \mathrm{t};$$

der erste Riß wurde in der Stütze bei 48,8 t gefunden, also eine sehr gute Übereinstimmung.

e) Träger über sechs ungleichen Feldern auf beweglich gelagerten Stützen.

Berechnet man die Momente und Querkräfte unter Berücksichtigung des Zusammenhanges in allen fünf Feldern, so erhält man für eine Belastung von $Q = 17{,}5$ t/m (der Bruchlast) mit Hilfe der Clapeyronschen Gleichungen die Stützenmomente:

$$M_B = -\ 7{,}2\ \mathrm{tm},$$
$$M_C = -15{,}4\ \mathrm{tm}.$$

Die Feldmomente ergaben sich:

$$M_I = +15{,}5\ \mathrm{tm} = \frac{Q\,l}{10{,}2},$$

$$M_{II} = -11{,}13\ \mathrm{tm}$$

und

$$M_{III\,\max} = 19{,}7\ \mathrm{tm} = \frac{Q\,l}{14{,}2}\ \alpha = \mathbf{14{,}2}.$$

$V_{\max}$ wurde mit 35 t ermittelt und $\tau_{0\,\max} = 32{,}2$ kg/qcm berechnet.

Diese Berechnungen sind auch nach den Verfahren von Müller - Breslau[1]) überprüft worden. Die Zwischenrechnungen werden als bekannt vorausgesetzt und weggelassen, um die Übersichtlichkeit nicht zu stören. Für die Belastung 13,4 t/m (der Bruchlast des gleichen Trägers bei Reihe 1) ist die Berechnung auch durchgeführt worden und ergab für die Momente die gleichen Koeffizienten α wie oben. Bei der Besprechung soll aber nur auf die obenstehenden Ergebnisse Bezug genommen werden, weil die Bruchlast wegen der besseren Widerlager bei Reihe 2 zuverlässiger ermittelt werden konnte.

Die Berechnung der Spannungen im Beton und Eisen liefert für die Beurteilung der Riß- und Bruchbildung so interessante Ergebnisse, daß kurz darauf eingegangen werden soll.

Bei $M_C = M_D = -15{,}4$ tm, dem größten auftretenden negativen Moment über dem dritten Auflager, sind

$$\sigma_e = 2480\ \mathrm{kg/qcm} \quad \text{und} \quad \sigma_{bd} = 144\ \mathrm{kg/qcm}$$

berechnet worden. Ein Blick auf Fig. 13c bestätigt auch durch die größten im unbelasteten Feld in der Nähe der Auflager C und D auftretenden, weit geöffneten Risse, daß dort das Eisen sehr hoch beansprucht sein muß.

Dem negativen Feldmoment in Feldmitte $M_{II} = -11{,}13$ t entsprechen

$$\sigma_e = 2130 \quad \text{und} \quad \sigma_{bd} = 111\ \mathrm{kg/qcm};$$

die Risse sind auch im Felde nicht so weit geöffnet wie gegen die Auflager hin.

[1]) Vgl. **Müller-Breslau, Graphische Statik der Baukonstruktion, Bd. II/2.**

Die Lage der Momentennullpunkte ist hier im Feld I, III und V an den rißfreien Stellen in der Nähe der Auflager auch äußerlich leicht zu erkennen.

Auch die größeren Stützenmomente bei Auflager C und D sind äußerlich an der Verteilung der Risse in den unbelasteten Feldern zu erkennen; sie treten an diesen Auflagern in größerer Zahl auf und reichen viel tiefer nach unten, wie in der Nähe der Auflager B und C.

Aus dem größten Feldmoment in Mitte von Feld III, wo auch der Bruch erfolgte,

$$\max M_{III} = 19{,}7 \text{ tm} = \frac{Q\,l}{14{,}2}$$

wurden die Spannungen berechnet:

$$\mathbf{\max \sigma_e = 3480\ kg/qcm}, \quad \mathbf{\max \sigma_{bd} = 134\ kg/qcm}.$$

Die mit Hilfe der Messungen ermittelten entsprechenden Werte sind:

$$m_{III} = 19{,}3 \text{ tm} = \frac{Q\,l}{14{,}5},$$

$$\sigma_{bd} = 125 \text{ kg/qcm}$$

und

$$\sigma_e = 3350 \text{ kg/qcm}.$$

Man ersieht daraus eine sehr gute Übereinstimmung; die gerechneten höchsten Spannungen im Beton und im Eisen sind etwas höher als die tatsächlich auftretenden.

Berechnet man $M_{III\max}$ unter der Berücksichtigung des Zusammenhanges von nur drei Feldern, wie dies z. B. die preußischen ministeriellen Bestimmungen verlangen, so erhält man für $\max M_{III} = 25{,}5 \text{ tm} = \frac{Q\,l}{11}$.

Aus dieser Berechnung ersieht man, daß M_{III} im Falle der Berücksichtigung von nur drei Feldern viel größer ist als das aus den Versuchen ermittelte größte Biegungsmoment, was darauf hindeutet, daß der Zusammenhang über alle fünf Felder besteht.

Die Versuchsvorbereitungen, die Versuche selbst und die Auswertung der Versuchsergebnisse bedingen bei der erheblichen Größe der Versuchsobjekte und bei dem Umfang der Versuche die Beteiligung einer größeren Anzahl Mitarbeiter, deren hier dankbar gedacht werden soll.

Es waren dies von der Versuchsanstalt die Herren Adjunkt Wawrziniok, Reg.-Baumeister Amos, die Assistenten Wunder und Walther und aus dem Bureau Dr. Probst die Herren Dipl.-Ing. Helfrich (bei der ersten Reihe), und Dipl.-Ing. Knauff (bei beiden Versuchsreihen).

Beide letztgenannten Herren haben auch mit großer Sachkenntnis an der sehr langwierigen Ausarbeitung der Versuchsergebnisse mitgewirkt.